QUELQUES

OBSERVATIONS

SUR

NOS FORÊTS DE SAPINS

PAR

M. MUNIER.

(Extrait du JOURNAL DU JURA.*)*

LONS-LE-SAUNIER

IMPRIMERIE ET LITHOGRAPHIE GAUTHIER FRÈRES.

1870

©

QUELQUES OBSERVATIONS

SUR

NOS FORÊTS DE SAPINS

Nous ne sommes plus dans nos montagnes à l'époque où les bois n'avaient aucune valeur, et étaient brûlés sur la place pour les empêcher d'absorber les pâturages. Chaque jour la valeur de nos forêts de sapins s'accroît, et de toutes parts on recherche attentivement les moyens de bien les aménager, et d'en obtenir le plus de produits possible, sans nuire et à leur reproduction et à leur conservation.

Deux systèmes sont aujourd'hui en présence : celui de l'administration des forêts qui *s'intitule la Conservation des forêts*, et qui, à ce titre, se croit appelée à protéger exclusivement les générations futures en luttant contre les générations actuelles, filles du progrès qui lui crient sur tous les tons : *Il faut faire produire aux forêts tout ce qu'elles peuvent rapporter*, car pour la société, le sol est un instrument de production, une véritable fabrique de substances nécessaires à la vie de l'homme. L'intérêt général exige qu'il se maintienne dans les meilleures conditions économiques et que le revenu net en soit le plus élevé possible.

Jusqu'ici l'administration des forêts, sourde aux plaintes des communes, a répondu comme Rome du haut du Vatican, *non possumus* ; — mais enfin le Conseil général du Jura, dans sa dernière session, a fait entendre sa voix, et tout fait espérer qu'elle sera écoutée surtout avec l'appui que lui prêtera notre excellent préfet, animé de l'ardent désir d'assurer la prospérité du département.

La lutte ne sera pas difficile : d'un côté la raison

et le bon sens, de l'autre la routine, qui n'a pour elle que son passé remontant à 1180, époque à laquelle Philippe-Auguste commença à instituer des officiers pour la conservations des forêts.

Qu'il nous suffise ici pour porter la conviction dans tous les esprits, de comparer ce que peut produire un hectare de forêt de sapins, dans une propriété particulière, avec le revenu des forêts communales.

M. Gurnaud a démontré dans un mémoire au Conseil général du Doubs, en 1864, qu'une forêt de sapins pouvait donner un bénéfice net de 240 francs annuellement par hectare. Le même sylviculteur fait plus que démontrer cette proposition par son tableau d'accroissement des sapins de Syam, produit contre l'aménagement des forêts de cette commune.

Disons donc sans crainte qu'un hectare de forêt de sapins produit net 240 fr. par an.

Maintenant combien l'administration des forêts délivre-t-elle de sapins par hectare? deux ou trois stères qui valent, terme moyen, 15 francs en forêt, soit 45 fr. par hectare. Mais de ces 45 francs, il faut déduire l'impôt foncier, les frais de garderie, et l'impôt du vingtième dont voici le détail : trois francs d'impôt foncier; 1 fr. frais de garderie; 2 francs 25 centimes pour le vingtième; total, 6 fr. 25 centimes; différence, 233 fr. 75 centimes.

Je ne suis donc pas surpris des plaintes des communes, et encore moins de la délibération du Conseil général du Jura; car je démontrerai dans plusieurs articles successifs, si votre journal veut bien m'ouvrir ses colonnes, que le système admis jusqu'à ce jour par l'administration des forêts pour l'exploitation de nos forêts de sapins conduit :

1° A la ruine de nos forêts de sapins et à leur déboisement complet;

2° A la ruine des communes, qu'il empêche de bâtir des écoles, des maisons communes, d'établir des voies de communication, etc.

3º A la ruine de l'industrie, surtout de l'industrie fromagère, la plus importante, disons presque l'unique de nos hautes montagnes.

Pour justifier notre première proposition ainsi conçue : Le système admis jusqu'à ce jour par l'administration des forêts pour l'exploitation de nos forêts de sapins, conduit à leur ruine et à leur déboisement complet, nous avons d'abord à démontrer que ce système est en désaccord avec la vitalité des sapins, leur accroissement et les exigences du sol sur lequel ils croissent.

Deux espèces d'arbres de la famille des *Conifères*, font l'ornement et la richesse de nos montagnes, ce sont l'*Abies pectinata*, l'*Abies épicea* (*Populus in fluviis, abies in montibus altis.*) Pline, liv. 16, cap. X, dit : *Picea montes amat atque frigora feralis arbor.* Ce que nous dirons du sapin est applicable à l'*epicea* sous le rapport forestier, car envisagés sous ce point de vue, ils ne diffèrent que par l'altitude au-dessus du niveau de la mer à laquelle ils se placent l'un et l'autre, et par l'accroissement plus rapide de l'*Abies picea*.

Le sapin commence généralement vers 700 mètres, et trace presque partout dans le Jura la limite inférieure de notre région montagneuse. C'est entre ce niveau et 1,100 mètres environ qu'il forme le plus de forêts à lui seul ; plus haut, il est très-souvent remplacé par l'*Epicea*, mais il atteint, en buissonnant, les parties moyennes de la région alpestre.

L'Epicea commence généralement vers 1,000 et s'élève jusqu'à 1,800 et 1,900 mètres, d'abord associé au sapin, puis seul au-dessus de l'altitude signalée, il monte plus haut que le sapin, et forme à lui seul de belles forêts ; il a à peu près les mêmes limites que la *Gentiana Lutea* qui l'accompagne presque toujours.

Dans le Jura, la cessation de la vigne annonce la région moyenne, le sapin les approches de la région montagneuse, l'Epicea et la Gentiane les niveaux moyens de cette région, l'Alchimille, généralement

répandue de 1,300 à 1,400 mètres, la région alpestre dont elle tapisse les pâturages en quantité
innombrable.

L'Ecole forestière professe ce principe (1) que le
sapin s'accommode assez volontiers de toute espèce
de sol, sauf les terrains marécageux ou aquatiques,
dans lesquels il ne peut vivre, et les sables trop
légers, où son accroissement est très-faible.

Le sol propre au sapin (dit-il, page 128), est
aussi celui qui convient à l'Epicea.

Ainsi, selon cet auteur, dans tous les terrains,
c'est indifférent, vous pouvez avoir des sapins et
des Epiceas. Cependant jusqu'à ce jour, avec un
grand nombre d'observateurs distingués nous avions
cru à l'influence du sol sur la végétation, nous étions
même persuadé que le savant Thurmann ne nous
avait pas trompé lorsque dans son *Essai de Phytos-
tatique de la chaîne du Jura*, il nous démontre
qu'en voyant les plantes qui croissent sur un sol, on
peut déterminer la nature des roches sous-jacentes,
et *vice versâ*, en voyant les roches sous-jacentes,
on peut déterminer les plantes qu'elles doivent produire.

La Silice, l'Alumine, la Magnésie, le Carbonate
calcaire de l'aveu de tous, exercent soit généraie-
ment, soit dans certains cas, une action particulière sur la végétation et ses produits, ou favorisent
même le développement et la présence de certaines
plantes.

Qu'on nous dise pourquoi les environs des salines
fournissent tous quelques espèces de plantes exclusivement attachées à ces localités, si la nature du
sol est sans influence sur la végétation. Où trouve-
rez-vous ailleurs les *Poadistans*, Alsine marine ; atri-
plex folia, *Aster tripolium*, etc.; pourquoi l'*Are-
naria venaria* croît-elle de préférence aux environs des mines de plomb. Pourquoi les *Gypsophila*
ne croissent-ils que dans les terrains à bases de
sulfate de chaux. Pourquoi les *Verbascum* recher-
chent-ils les sols ferrifères. Pourquoi ne trouve-t-

on aucun sapin ni épicéa dans les terrains *Calloviens* de nos montagnes, si ce n'est à cause de l'influence du sol sur la végétation; si ce n'est parce que
chaque espèce végétale a son terrain de prédilection, et que le sapin ne se soustrait pas plus à cette
loi que le reste de la création végétale. Aussi
M. Thurmann a-t-il constaté que le sapin et l'épicéa ont une prédilection pour les molasses et pour
certains calcaires jurassiques. Ainsi, qu'il nous soit
permis de consigner ici les observations que nous
avons faites avec M. Bonjour dans la zône jurassique
à laquelle se rattachent nos études trop restreintes,
il est vrai.

On ne rencontre dans le Jura le sapin ni l'épicéa
dans les terrains *Keuperiens sinemuriens, Liasiens,
Toarciens, Bajociens, Calloviens.*

On en voit apparaître dans le terrain *Oxfordien*
mêlés au hêtre, ils y sont peu haut, très-branchus,
atteignent peu de grosseur, et ont vite terminé leur
existence.

Le sapin et l'épicéa dans les sols *Portlandiens* et
Néocomiens arrivent rapidement au plus beau développement, ce sont dans les calcaires jurassiques leurs
terrains de prédilection.

Dans les terrains *Coralliens,* ils sont mélangés de
hêtres, ainsi que dans les terrains *Kimmeridiens,*
mais en plus grand nombre dans le premier que
dans le second. Dans ces deux terrains ils luttent
contre le hêtre et finissent par s'approprier tout le
sol et faire disparaître complètement le hêtre. Pendant la lutte, l'accroissement du sapin et très-lent,
après la lutte terminée, ils se développent rapidement. Aussi tous les bons sylviculteurs, au moment
de la lutte, s'empressent de faire couper le hêtre :
voir le résultat avantageux de ce procédé dans la
forêt de Châtel-Blanc des *Ravières,* et dans la forêt
de Syam.

C'est dans les terrains *Corallien* et *Kimmeridien*
que l'*Alternance* niée par les forestiers se produit
de la manière la plus incontestable: voir les forêts

de Châtel-Blanc, Syam, les Hautes-Joux de Nozeroy.

C'est donc une hérésie commise par l'Ecole forestière lorsqu'elle dit que, « du reste, le sapin s'accommode assez volontiers de toute espèce de sol. » Si cette hérésie n'était que scientifique et ne nuisait pas aux communes qui ont le plus grand intérêt à ce que leur sol forestier soit bien étudié, et qu'on fasse produire à leurs forêts tout ce qu'elles peuvent rapporter. Du moment donc que l'examen du sol est indifférent, une méthode unique d'exploitation, le jardinage, satisfait à tout. C'est vraiment comme si on disait qu'en agriculture un seul mode de culture convient à tous les terrains. Cette absurdité qui dispense les élèves forestiers de toute étude de sols propres au sapin, qui se réduit à un mode d'exploitation unique est bien commode, mais ne satisfait ni la science ni l'intérêt des communes, et le Conseil général a mille fois raison lorsqu'il dit : « Il » semble qu'un principe excellent serait de faire » étudier à la diligence et aux frais des communes, » par des agents expérimentés et de leur choix, le » traitement à appliquer dans leurs forêts. »

Le Conseil général du Jura, dans sa délibération du 30 août, s'occupe de deux questions fort importantes. Dans la première, il constate avec regret que les communes n'ont presque aucune part à l'administration de leurs bois, laquelle est exclusivement confiée à la direction générale des forêts, et il dit « que plus on examine de près la condition d'une » administration bien entendue d'une forêt com- » munale, plus on reste convaincu de la nécessité » d'une intervention active, vigilante des communes » dans la gestion de leurs forêts. »

A cela on répond : si l'on pouvait attendre des habitants d'une commune le même soin que le bon père de famille apporte à la conservation des bois dont il a la propriété et la jouissance, l'appareil dispendieux des formalités que le régime forestier rend indispensables, serait inutile.

Mais les bois des communes n'appartiennent point aux individus existants ; ils sont aussi destinés aux besoins des générations futures ; ceux qui n'ont que la jouissance présente sont ordinairement portés à abuser aux dépens de l'avenir ; et pour les bois, l'abus de la jouissance entraîne la ruine de la propriété.

En partant de ces idées, les forestiers trouvent, au contraire, que cette gêne n'est pas encore assez forte, et ont l'air de déplorer l'impuissance de la loi nouvelle qui, selon eux, *a beaucoup affaibli les moyens de conservation qui avaient été donnés* par les lois précédentes à l'administration forestière. (Voir Baudrillard, Introduction à l'art. 90.) Aussi dans la séance du 25 mars 1827, à la Chambre des députés, M. le Directeur général des forêts se plaint-il de cette tendance à outre-passer les bornes de la loi des justes sujets de plaintes que cela fait naître dans les communes, ce qui amène des conflits ; car, dit-il, pourquoi sommes-nous souvent en opposition avec les préfets ? C'est qu'ils voudraient *protéger les communes* aux dépens des forêts, comme il arrive quelquefois à l'administration des forêts de vouloir protéger les forêts *aux dépens des droits des communes.*

Qu'il nous soit ici permis de citer les sages paroles de M. Curasson, page 356 :

« Mais si les habitants doivent respecter les at-
» tributions de l'administration forestière, l'admi-
» nistration, de son côté, *ne doit pas perdre de vue*
» *que ce n'est que dans l'intérêt des habitants que*
» *la loi lui a confié la conservation des bois des*
» *communes*, et au lieu d'inciter d'une manière in-
» directe les agens forestiers à outrepasser les
» bornes de la loi en leur présentant comme insuf-
» fisantes les règles qu'elle prescrit, il faut, au
» contraire, les prémunir contre l'excès d'un zèle
» inconsidéré qui, quelquefois, égare les hommes
» les plus sages et qui ont les meilleures vues, au
» point de leur persuader qu'ils sont obligés de
» protéger les forêts aux dépens des droits des com-
» munes propriétaires. »

2

Ce qui est certain, c'est que, sous l'empire de l'ordonnance de 1669, à l'époque où le pouvoir administratif et l'autorité judiciaire étaient dans les mains des maîtrises, les habitants jouissaient et du produit et de la disposition de leurs bois avec beaucoup plus de liberté et d'étendue qu'aujourd'hui, sans présenter plus d'abus. Si ce n'est que dans l'intérêt des habitants que la loi a confié aux forestiers la conservation des bois des communes, pourquoi ne pas les consulter, et les tenir toujours courbées sous l'application de cet axiôme despotique : *Sic volo, sic jubeo, sit pro ratione voluntas.* Si les communes sont usufruitières de leurs forêts, elles ont droit à la totalité de leur usufruit, on ne peut les priver de la plus mince partie sans injustice. Si les bois sont destinés aux besoins des générations futures, les générations présentes ont aussi leurs droits d'usufruit qui sont plus étendus que deux ou trois maigres stères par hectare.

Aussi le Conseil général, mu par un noble sentiment d'équité, s'est-il préoccupé de la possibilité d'augmenter les revenus communaux forestiers par l'amélioration des aménagements usités jusqu'ici ; et pour arriver à cet heureux résultat, il propose de faire étudier par des agens expérimentés et au choix des communes, le traitement à appliquer dans leurs forêts. Il est bien convaincu de l'influence du sol sur la végétation, et n'admet pas comme les professeurs de l'Ecole forestière *que le sapin s'accommode assez volontiers de toute espèce de sol.* Il veut et avec raison que le sol soit étudié sous les rapports physiques, chimiques, sous le rapport du climat, de l'altitude, des pentes et des vallées, et sous tous les rapports, en un mot. Il constate que ce travail n'a pas été fait par les forestiers du Jura : « Malheu-
» reusement, dit-il, il n'existe aucune collection de
» documents authentiques permettant de constater
» nettement la valeur du matériel réalisable, com-
» parée à celle du revenu net pour telle forêt com-
» munale donnée. »

L'ordonnance du 1er août 1827, en créant l'École de Nancy et en statuant dans son article 41 qu'on y enseignerait l'histoire naturelle dans ses rapports avec les forêts, l'économie forestière, etc., a eu pour but d'envoyer dans les départements des agents pleins de science et à même d'étudier leurs forêts ; de faire prendre à la sylviculture un beau développement et dans l'intérêt des communes et dans l'intérêt de l'État. Je ne puis croire que les forestiers du Jura aient mis de côté cette importante partie de leurs fonctions, et qu'ils aient restreint leurs attributions seulement à la conservation matérielle des bois et à la surveillance de l'exercice des droits d'usage et de jouissance des habitants. Il est impossible que l'administration forestière du Jura qui régit nos bois depuis 1669, n'ait pas une collection complète de documents scientifiques sur nos forêts. Elle les a renfermés jusqu'à ce jour dans l'arche sainte, et tenus à l'écart des yeux profanes ; elle n'eût pas manqué d'infliger la peine de Coré, de Dathan et d'Abiron à quiconque eût voulu pénétrer dans le sanctuaire qui les renfermait.

Nous ne doutons pas que la publication de ces documents étonnera notre Conseil général ; qu'elle réalisera ses sages projets pour le bien-être de nos communes, qu'ainsi, il verra que nos forestiers du Jura ont toujours eu soin de se maintenir au niveau de leur mission.

Nous ne pouvons cependant nous empêcher de rendre justice à l'impatience de notre Conseil général de voir mettre une fin à la routine, et d'effacer cet humiliant axiôme : *Sic volo, sic jubeo*, en même temps que de voir la position de nos communes s'améliorer, surtout lorsqu'il n'ignorait pas que les sages aménagements créés en Prusse ont produit en quelques années un accroissement de 40 à 60 pour 100 dans la valeur de la propriété foncière, que le revenu a dépassé de beaucoup les 240 par hectare du Mémoire du Conseil général du département du Doubs de 1864. Tandis que nos pauvres

communes en sont toujours comme nous l'avons
déjà dit et invariablement à leurs trois maigres
stères par hectare, et par conséquent à leur mo
deste revenu de 45, rognés encore par les frais.

L'influence du sol pour une bonne exploitation,
ou si on aime mieux, pour une bonne culture du sapin dont elle est le moyen, est incontestable. Toutes
les observations et tous les observateurs tendent,
en effet, à prouver qu'une espèce végétale quel-
conque ne prospère que lorsqu'elle trouve dans le
sol les substances minérales qui conviennent à son
tempérament. On sait qu'une plante enlève à la terre,
par le moyen de ses racines, une partie des élé-
ments qui entrent dans sa composition, et si ce
travail de la plante dure longtemps, la terre, ne
recevant pas ce qu'elle a perdu, s'appauvrit, et à la
fin son épuisement devient extrême, et il faut alors
avoir recours aux engrais pour lui rendre sa fertilité. Il n'en est pas moins aussi incontestable que
la durée de la vie, ou la longévité du sapin doit entrer largement en ligne de compte pour arriver à
une bonne exploitation ou une bonne culture d'une
forêt où se rencontre cet arbre si important. Le
Créateur a départi à chaque être vivant une somme
de vie qu'il ne dépasse que rarement, et qui se
trouve en harmonie avec le rôle qu'il doit jouer
dans l'ensemble de la création. Les corps vivants
jouissent donc d'une durée de *vie propre* très-dif-
férente entre les uns et les autres.

Il s'agit d'étudier très-attentivement quelle est
la *durée* de la vie du sapin, afin de connaître l'âge
où il convient de l'exploiter dans l'intérêt de la régénération sûre et prompte de la forêt et de son a-
mélioration, dans l'intérêt encore d'obtenir un produit plus considérable et de meilleure qualité. Le
principal usage du sapin dans les bâtiments et dans
les constructions de toute espèce est de supporter
des fardeaux, il faut donc qu'il ait la force et la résistance nécessaires, c'est-à-dire la qualité ; or, il

résulte des belles expériences de Buffon (1), que
le bois qui, dans le même terrain, croît le plus
vite, est le plus fort; celui qui a cru lentement, et
dont les cercles annuels, c'est-à-dire les couches
ligneuses sont minces, est plus faible que l'autre;
première raison dans l'intérêt général d'exploiter le
sapin plutôt qu'on ne le fait généralement, et de ne
pas laisser ces vieilles forêts remplies de dépérissants et de chablis, et dont l'accroissement est nul
ou presque nul.

Le même auteur (2) a trouvé que la force du bois
est proportionnelle à sa pesanteur, de sorte qu'une
pièce de mêmes longueur et grosseur, mais plus pe-
sante qu'une autre, sera aussi plus forte à peu près
en même raison.

Ensuite Buffon a recherché quels étaient la densité et les poids du bois dans les différents âges,
quelle proportion il y a entre la pesanteur du bois
qui occupe le centre et la pesanteur du bois de la
circonférence, et encore entre la pesanteur du bois
parfait et celle de l'aubier, il est arrivé à cette conclusion :

Que le bois augmente de pesanteur jusqu'à un
certain âge, qu'après cet âge le bois des différentes
parties de l'arbre devient à peu près d'égale pesanteur, et c'est alors qu'il est dans sa perfection :
et enfin que, sur son déclin, le centre de l'arbre
venant à s'obstruer, le bois du cœur se dessèche,
faute de nourriture suffisante, et devient plus léger
que le bois de la circonférence à proportion de la
profondeur, ce qui a lieu dès que les arbres cessent de croître. Seconde raison d'exploiter le sapin
plutôt qu'on ne le fait. Il faut donc le couper aussitôt qu'il cesse de croître. Si on se conformait aux
belles et sages expériences de Buffon, on ne verrait
pas tant d'arbres dépérissants dans nos forêts de

(1) OEuvres complètes do Buffon , t. 3, p. 308
(2) Id., même page.

sapins ; fait qui accuse trop énergiquement le mauvais régime auquel elles sont soumises par la méthode du jardinage. Le Conseil général du Jura a donc raison de demander des modifications et dans l'intérêt des communes qui ont besoin que leurs forêts produisent le plus possible, et dans l'intérêt public qui a besoin que les bâtiments et toutes les constructions qui doivent durer longtemps, ne soient pas faits avec des bois trop vieux ou dépérissants qui n'ont ni la force ni la résistance nécessaires.

Il est donc de la plus haute importance de connaître la *durée de la vie du sapin*, afin de fixer le moment où cesse son accroissement, et l'époque précise de son exploitation dans l'intérêt général, dans l'intérêt de la commune et dans l'intérêt de la forêt.

Pour arriver à la solution de cet important problème, nous avons consulté les auteurs forestiers, et nous ne pouvons passer sous silence le moyen que propose Baudrillart, t. 2, p. 85, « c'est pour » juger la maturité des arbres *de s'en rapporter à* » *l'œil exercé du forestier* qui saisit promptement » les signes de maturité, et qui sait distinguer si » l'état de langueur où se trouve une partie des » bois est l'effet de l'âge ou seulement celui d'une » cause accidentelle. » Nous avouons franchement que malgré la puissante autorité de Baudrillart, nous n'avons pu croire à l'infaillibilité des agents forestiers, et que nous avons continué nos recherches.

Les anciennes ordonnances réglaient les coupes de sapins à l'âge de cent ans. (Ordonnance de François Iᵉʳ, du mois de juillet 1544, renouvelée par Charles IX en 1572, et par Henri III en 1587.) Plus tard, tant en France qu'en Allemagne, on fixa l'exploitation à 120 ans. Baudrillart, page 152, dit que l'époque de l'exploitation peut être fixée à 120, 140, 160 et même 180 ans. Laurentz et Parade, p. 268, s'expriment ainsi : « L'exploitabilité du sapin » tombe entre 100 et 140 ans ; 120 ans est le terme

» le plus ordinaire et celui qui, en général,
» procure les produits les plus utiles et les plus
» considérables. Dans les sols très-substantiels,
» cependant, où la végétation est rapide et vigou-
» reuse, la révolution de 100 ans peut être préfé-
» rable, afin d'éviter la carie intérieure à laquelle,
» dans ces sortes de terrain, les sapins sont plus
» exposés encore que les hêtres. Sur les grandes
» hauteurs, où la rigueur du climat ralentit la crois-
» sance, le terme de l'exploitabilité peut être reculé
» jusqu'à 140 ans. »

M. de Perthuis qui, à nos yeux, est l'auteur fran-
çais qui connaissait le mieux les exploitations, a
fixé l'aménagement des sapins à 100 et ne veut pas
qu'on le dépasse; il ne serait même pas éloigné
de le fixer à 80 ans, parce que c'est à ces âges qu'il
les regarde comme susceptibles des plus grands
produits. Enfin, pour ne pas multiplier les citations,
terminons par ce qui vient de se passer près de nous
dans ces derniers temps (1). Une ordonnance du 12
décembre 1833 fixait à 100 ans la révolution de la
sapinière de Syam ; en 1861, la commission d'aménagement propose 120 ans; l'année suivante, les
agents forestiers proposent 132 ans; le décret du
21 janvier 1863 décide que la forêt sera exploitée
à 130 ans pour la première fois, et ensuite à 120 ans
indéfiniment.

De tout ce qui précède, il résulte clairement que
les auteurs forestiers sont incertains sur l'âge pré-
cis auquel le sapin doit être exploité; qu'ils procè-
dent par tâtonnement, ce qui n'aurait pas lieu si
on se fut appuyé sur une base certaine; et cette base,
pour nous, se trouve tout à la fois et dans les rapports du sol avec la végétation, du sapin et dans
la physiologie de cet arbre, et dans la durée de sa
vie propre. Nous croyons que c'est parce qu'on n'a
pas étudié sérieusement ces importantes questions,
qu'on marche d'incertitude en incertitude; qu'ainsi

---

(1) Mémoire de la commune de Syam, p. 48.

la délibération du Conseil général du Jura est pleine de sagesse, et destinée à produire les plus heureux résultats.

Ne rendons cependant pas les modernes responsables entièrement des erreurs qu'on a commises sur la longévité du sapin, car les anciens ont bien leur part dans la propagation de cette opinion. Ils ont été abusés par les citations de quelques exemples rares de sapins qui auraient vécu plusieurs siècles sans dépérir. Ce sont des fables, et on a avancé le fait sans en donner de preuves.

Baudrillart et Parade parlent de sapins de 300 ans d'âge. Baillon, en parlant de la grande rondelle de conifère qui se trouve au Muséum et qui porte une étiquette qui lui donne 220 ans, dit : Pour moi, c'est un arbre qui avait 600 ans. Pline, parlant de la longévité des arbres sapins et de la grosseur qu'ils peuvent atteindre, cite pour avoir vu à Rome une poutre de sapin que Tibère avait fait venir, de 120 pieds romains de longueur, 108 pieds de France, ayant deux pieds d'équarrissage au bout. Les belles forêts de sapins du Jura existaient du temps de César qui en parle dans ses *Commentaires*. Pline parle aussi d'un sapin qui formait le mât d'un vaisseau sur lequel l'empereur Caligula fit apporter de l'Egypte à Rome un obélisque qui fut élevé dans le cirque du Mont-Vatican. Ce mât avait quatre brasses de tour, et suivant cet auteur, de pareils mâts coûtaient jusqu'à quatre-vingt mille sesterces.

Baudrillart, page 776, dit : On trouve dans les forêts de l'Allemagne exploitées par éclaircies, des sapins dont la tige a jusqu'à 160 pieds de haut et 18 pieds de tour à la base, et il n'est pas rare d'en abattre qui, à la hauteur de 80 pieds, ont encore 12 pieds de circonférence, et il leur suppose 300 ans d'âge.

Tournifort fait mention dans ses voyages, de sapins qu'il a vus sur le Mont-Olympe, et il en parle comme des plus beaux arbres de l'Orient. D'après tous ces exemples plus ou moins authentiques, les

anciens étaient persuadés que le sapin, pour acqué-
rir de telles dimensions, durait des siècles. Une
fois cette idée répandue et fixée, elle est devenue
un axiome. On a respecté aveuglément cette opinion
séculaire, et nous voyons par ce qui s'est passé
à Syam qu'elle est venue jusqu'à nous, non pas sans
que personne l'ait attaquée, car Hartig, l'un de nos
meilleurs forestiers (1), constate que des sapins
qu'il a fait abattre à 150 ans, selon lui, le plus
grand nombre était gâté. Si donc, le plus grand
nombre des sapins est gâté à 150 ans, la durée
de la vie du sapin ne dépasse pas cet âge, qui
serait sa limite extrême.

Une fois le préjugé établi par le temps que le
sapin peut vivre des siècles sans se détériorer, ce
préjugé a enfanté des conséquences pernicieuses
que nous énumérerons plus loin; il importe donc de
le combattre, et de revenir aux sages prescrip-
tions de la vérité en s'appuyant solidement sur les
lois de la physiologie et sur l'examen de faits certains et incontestables. Nous savons bien que dans
toutes les sciences comme dans toutes les matières
qui intéressent la société, on ne doit admettre qu'a-
vec une grande réserve et qu'après un mûr et
long examen, les conséquences qu'on déduit d'expériences nouvelles et de raisonnements qui tendent
à renverser des principes depuis longtemps établis.
Quels que soient, en effet, les progrès des connais-
sances humaines, on est forcé de reconnaître dans
les usages consacrés par les siècles un caractère
de recommandation qui nous fait un devoir, sinon
de respecter aveuglément ces usages séculaires, du
moins de ne les attaquer ou de n'admettre de principes contraires qu'avec la plus grande prudence ;
autrement on s'expose à des erreurs dont les suites
sont souvent irréparables, et on se voit dans l'obli-
gation de revenir à des idées que notre légèreté ou

(1) Baudrillart, t. 2, p. 78.

notre orgueil nous avait fait regarder comme des préjugés populaires.

Pour atteindre notre but, nous sommes d'abord obligés de nous poser cette importante question : Quel est le rôle que le sapin, ou si l'on aime mieux, la famille des *Conifères*, est appelé à remplir dans le grand ensemble de la création des êtres.

C'est en effet par la destination d'un être qu'on peut souvent mieux juger du temps pendant lequel il doit de rigueur remplir ses fonctions.

Le *Sapin* et l'*Epicea* sont chargés dans cette région montagneuse qui s'élève de 700 à 1,900 mètres au-dessus du niveau de la mer, et où aucun autre végétal qu'eux ne se présente pendant l'hiver, de maintenir l'équilibre entre les principes constitutifs de l'atmosphère, d'enlever la quantité d'acide carbonique incompatible avec les lois de la vie animale. Sans cette sage précaution du Créateur, la vie cesserait sur la terre, car pour que la respiration des animaux puisse s'exercer, il faut que l'atmosphère présente constamment la même composition, c'est-à-dire 21 parties d'oxygène, 79 d'azote et quelques traces d'acide carbonique et de vapeur d'eau. S'il en était autrement, comme nous l'avons déjà dit, la vie cesserait sur le globe, car on a calculé que le volume de houille extrait, résultant du travail des 69 ans qui viennent de s'écouler, recouvrirait le sol de la France entière d'une couche uniforme de 8 à 9 millimètres d'épaisseur. Cette immense production d'acide carbonique eut empoisonné tous les êtres vivants, sans l'incessante absorption végétale, au milieu de laquelle la famille des *Conifères* a pris la plus large part.

Aussi tous les observateurs constatent que l'accroissement et la multiplication du *Sapin* et de l'*Epicea*, leur apparition même dans des lieux où ils n'existaient pas auparavant, est toujours en rapport directe avec la quantité d'acide carbonique que renferme ou qui se produit dans la zone où cette croisance, cette multiplication ou cette nouvelle apparition se produisent.

Nous ne pouvons nous dispenser de citer ici ce que dit M. Trouillot dans son mémoire imprimé en 1865 (1) :

» La quantité de vie à la surface de la terre est
» proportionnelle à la quantité de carbone en fonc-
» tion dans l'atmosphère.

» Le carbone, sous la forme d'acide carbonique,
» est *le pain des plantes;* tout accroissement d'a-
» cide carbonique amène donc un accroissement
» dans la vie végétale, et par elle dans la vie ani-
» male, d'après le premier Théorème de *Malthus.*

» Nous avons vu précédemment que le car-
» bone dissous dans l'atmosphère sous forme d'a-
» cide carbonique, constituait presque toute la
» nourriture de la plante et l'élément, pour ainsi
» dire, exclusif de ses organes (c'est le *Pabulum*
» *vitœ*).

» Nous avons encore reconnu que les feuilles et
» les parties vertes des végétaux absorbaient ce
» gaze avec la plus grande avidité, tellement que
» quelques minutes suffisent à un bouquet de ver-
» dure pour changer en oxygène un milieu ambiant
» d'acide carbonique relativement très-considé-
» rable.

» Une plus grande abondance de ce gaz dans l'eau
» ou dans l'atmosphère ambiante provoquerait donc
» immédiatement une assimilation beaucoup plus
» grande de la part de la plante.

» La nutrition devenant plus facile et plus large,
» le *végétal prendrait un accroissement plus rapide,*
» *un développement plus considérable, et arriverait*
» *ainsi* PLUS VITE *et dans de meilleures conditions*
» à la maturité nécessaire pour accomplir la fin de
» sa vie, c'est-à-dire pour se reproduire. »

---

(1) Recherches sur les effets vitaux produits par la combustion de la houille. — Lons-le-Saunier, 1865, chez Gauthier frères.

Malheureusement l'administration des forêts liée par ses lois, par les règlements qui l'enchaînent, par les usages consacrés par les siècles, n'a pas fait entrer en ligne de compte ces hauts enseignements de la science, et cependant les documents ne lui ont pas manqué, car pour ne citer qu'un fait, parce qu'il est récent, nous dirons : le Mémoire de Syam constate, page 21, dans les Vosges, un accroissement de 25 mètres cubes par hectare; et dans la forêt de Syam même, page 21, un accroissement de 19 mètres cubes par hectare et par an. Combien est en rapport avec ces accroissements la délivrance habituelle de 3 mètres cubes par hectare. Plus loin nous examinerons, par rapport à la forêt, les conséquences d'un tel système ; pour le moment, bornons-nous à citer encore le Mémoire de M. Trouillot, page 32 :

« Depuis une quinzaine d'années, les Conseils
» municipaux et les habitants des campagnes se
» plaignent vivement de l'administration des fo-
» rêts communales; d'après eux, les agents de cette
» administration, dans un esprit trop conservateur,
» s'obstinent à appliquer aux bois communaux un
» aménagement trop lent. Dans les bois appartenant
» à l'Etat, aux communes, les essences dépérissent
» sur pied faute d'être enlevées en temps utile. J'ai
» même vu des gens compétents prétendre qu'un
» hectare de forêt appartenant soit à l'Etat, soit
» aux communes, ne rapportait par an que 20 francs
» en moyenne, et que les bois appartenant aux par-
» ticuliers, soumis à un assolement plus rapide,
» voyaient leurs rapports annuels s'élever à 60 fr.
» en moyenne par hectare.

» Faut-il croire à un aveuglement systématique,
» au mauvais vouloir des agents de l'administra-
» tion ? Ce serait absurde; l'administration des fo-
» rêts régit les bois qui lui sont confiés d'après les
» principes fixés aux XVIIe et XVIIIe siècles; si ces
» principes résultant de l'expérience antérieure sont
» insuffisants maintenant, une seule conclusion doit

» en être tirée, c'est que les conditions de végétation
» des plantes ont changé depuis lors, et qu'une su-
» rabondance de produits assimilables est venue
» provoquer une maturité plus prompte et un ac-
» croissement plus rapide. En face de l'immense
» quantité d'acide carbonique qui entre chaque jour
» dans l'atmosphère, il est impossible que les con-
» ditions de végétation du sapin qui doit l'absorber
» n'aient pas changé. »

En effet, des calculs rigoureusement faits (1) dé-
montrent que la population de la France donne
969,375,000 kil. de carbone par an, les animaux
19,846,875,000 kil. par les voies respiratoires seulement, et qu'en ayant égard à la totalité de la production de l'homme et des animaux, on arrive au
chiffre tout à fait effrayant de 71,448,750,000 kil.

Un quintal métrique de houille produisant 32,500
litres d'acide carbonique, soit 57 kil. 775 grammes
de carbone, la combustion de la houille donne, par
jour, en France, 231,199,000 kil. de carbone, soit
par an, 84,351,500,000 kil., et nos calculs, sur ce
point, sont bien inférieurs à ceux de M. Trouillot.

La consumation totale de bois, en France, est de
20 millions de mètres cubes En prenant 7/10 pour
densité moyenne du bois, on a cent quarante millions de quintaux métriques, en admettant que le
quintal métrique produise la même quantité d'acide
carbonique que la houille ; et il doit en contenir
plus, car le bois est plus riche en carbone que la
houille.

Le carbone résultant de la combustion du bois
donnera donc 8,088,500,000 mètres cubes par an.

Toutes ces productions de carbone réunies for-
meront un total de 163,888,700,000 de carbone qui,
converti en bois, donne au minimum, pour la
France, 198,709,525 mètres cubes de bois; la consumation de la France étant de 20,000,000, nos fo-

---

(1) Pâturage des fromageries, page 47 et suivantes.

rêts auront donc à produire en plus 178,795,525 mètres cubes.

Il n'y a donc pas à craindre que la France ne périsse faute de bois ; on peut user largement de nos forêts et leur faire produire tout ce qu'elles peuvent produire, car la population et l'industrie leur fournissent chaque année 163,888,700,000 kil. de carbone à absorber.

A ces trois principales productions de carbone, on pourrait ajouter celles résultant :

1° De la fermentation putride ;

2° De la combustion de la tourbe et du lignite ;

3° de l'écobuage, si pratiqué aujourd'hui en agriculture ;

4° De la préparation de la chaux et du mortier ;

5° De la préparation et de l'emploi du gypse ;

6° De la combustion des huiles pour l'éclairage ;

7° De la fermentation des vins, des cidres, etc., et enfin de tout ce qui, selon les lois de la nature, produit de l'acide carbonique et du carbone.

Il est donc de toute évidence que les forêts sont forcées à une production plus grande, car enfin, d'après les lois physiques qui les régissent, cette immense production de carbone doit se solidifier par elle, autrement nous l'avons déjà dit, la vie cesserait. La multiplication du sapin, son accroissement, sa longévité ne sont plus les mêmes qu'autrefois, et comme le dit très-bien M. Trouillot, et nous le répéterons encore après lui, « les conditions de végétation des plantes ont changé, et une surabondance de produits assimilables est venue provoquer une maturité plus prompte et un accroissemment plus rapide. »

Nous ne nous le dissimulons pas, trente-cinq milliards de quintaux métriques de carbone ont déjà, dès le commencement du siècle, été relancés dans la circulation par l'industrie humaine qui, chaque année, dépense un milliard deux cent cinquante millions de quintaux métriques de houille. Il n'est donc pas surprenant que l'influence de cette énorme quantité d'acide carbonique se soit fortement fait sentir sur la production forestière. Il n'y a que les aveugles volontaires qui ne s'en soient point aperçus.

Ainsi, tous les propriétaires riverains des forêts peuvent-ils difficilement résister à l'envahissement de la forêt; de toutes parts la végétation forestière offre une puissance te un luxe inouïs. Nos vieillards s'écrient que les forêts croissent plus qu'autrefois et qu'on les exploite plus souvent. Le sapin se produit dans des lieux où jamais on n'a vu, jusqu'à ce jour, pas même le plus léger arbuste; dans des terrains dénudés depuis des siècles. Nous pouvons citer près de nous nombre de ces lieux, nous nous contenterons de dire qu'on en voit sous la roche de *Châtel-Blanc*, sous la roche du *Moulin-Revet*, dans les coupes de hêtres fraîches, dans la *Forêt des Ravières, dans toutes les laisines des Essarts valle*, etc.

Le sapin cherche partout à se substituer aux hêtres dans les forêts où il est mélangé avec lui et les autres bois feuillus. « Les forêts de Syam (1) n'é- » taient autrefois que des taillis pâturés, de peu de » valeur, et dans lesquels il y avait seulement quel- » ques sapins épars. Les anciens se rappellent en- » core avoir vu couper les taillis dans les sapinières » les plus âgées; » toute la côte de la Joux de Nozeroy voit le sapin s'efforcer de faire disparaître les bois feuillus.

Dans nos sapinières en pleine vigueur la branche ou pousse germinale, s'est élevée à 80 centimètres, terme moyen cette année.

On a déjà constaté que quelques forêts de sapins donnaient 25 mètres cubes de croissance par an et par hectare, que 19 à 20 mètres cubes n'étaient qu'un terme moyen. Si nous avons déjà dit que les forêts de l'Allemagne avaient bénéficié de 40 à 60 pour cent de valeur, qu'un hectare de sapins rapportait, terme moyen, 248 fr. par an, nous croyons

(1) Mémoire, page 3.

qu'on ne peut plus mettre en doute le résultat de l'absorption de l'acide carbonique, et que l'administration des forêts doit en tenir compte, et ne pas continuer, comme on l'a fait jusqu'à ce jour, à suivre le tableau d'accroissement du sapin donné par M. Rémond, car il n'est plus en rapport avec l'accroissement actuel.

Qu'ainsi, si nos forêts de sapins du Jura meurent de vieillesse, tandis que les jeunes ont tout partout un luxe de végétation, les premières n'attendent que la hache pour laisser profiter les jeunes du carbone que nous produisons. Ne pas porter la hache au pied des arbres mûrs, c'est laisser le carbone aller servir à l'accroissement et à la prospérité des forêts étrangères, c'est un acte anti-national ; surtout lorsque l'on sait que, plus éclairées que nous, la Prusse et la Suisse ont fixé l'exploitation de leurs sapins à 70 ans. Plus loin nous comparerons la sagesse de leur système forestier avec la vieille routine du nôtre, nous mettrons leurs bénéfices dans la balance avec nos pertes.

Elles ont mieux compris dans leur École forestière que dans la nôtre, que plus le régime animal s'accroît, plus aussi la production forestière augmente : ces deux règnes sont liés par des rapports nécessaires : les animaux produisent l'acide carbonique nécessaire aux végétaux, de leur côté, les végétaux solidifient le carbone et envoient l'oxygène nécessaire aux animaux, et de ce va-et-vient admirable, croît la plante, vit l'animal, s'aidant l'un et l'autre et entretenant l'équilibre atmosphérique.

Disons donc que la sagesse du Créateur a assuré l'existence de nos forêts : elle s'est chargée de fournir à chaque génération non seulement le combustible nécessaire, mais encore le bois qui doit constituer son habitation et aider son industrie. Ces générations, en se multipliant elles-mêmes, ne font que multiplier la production des bois. Ainsi que nous l'avons démontré, l'une est le corollaire obligé de l'autre ; le Créateur a tout prévu, il a poussé cette prévoyance plus loin, il a entassé des masses de carbone dans les entrailles de la terre, masses qui, d'après les sages lois, ne peuvent en sortir sans enfanter elles-mêmes un autre combustible, le bois. Voulant l'homme sur la terre, il a connu ses besoins, il en a assuré la satisfaction en lui disant d'aller et de multiplier; cette multiplication de l'homme entraînait la multiplication, sans exception, de tout ce qui était nécessaire à l'homme. Tout se lie, tout s'enchaîne dans l'admirable système du monde.

De tout ce qui précède, il résulte très-évidemment qu'eu égard à la destination du sapin, aux conditions de végétation qui lui sont faites dans notre siècle, la durée de la vie de cet arbre ne s'étend pas jusqu'aux limites que posent nos forestiers; que les forestiers allemands sont plus près de la vérité. Mais continuons l'examen des raisons physiologiques sur lesquelles notre opinion prend son point d'appui.

Pour que les *Conifères* puissent en tous temps et à chaque instant, en tous lieux, remplir les fonctions qui leur sont dévolues, c'est-à-dire maintenir l'équilibre entre les principes constitutifs de l'atmosphère et enlever la quantité d'acide carbonique incompatible avec les lois de la vie animale, le Créateur a pris un luxe de précautions; d'abord cet arbre, toujours vert, à raison de la non caducité de ses feuilles, vit toute l'année sans se reposer l'hiver comme les autres arbres, à l'aide de la double nutrition de la racine et des feuilles; c'est donc une sentinelle toujours en faction pour empêcher l'acide carbonique de vicier l'air.

Sa graine est pourvue d'ailes ovales et blanches qui forment à la base une espèce de cuiller dans laquelle l'un des côtés de la semence se trouve renfermé, tandis que l'autre est à découvert, de manière à ce que les vents puissent facilement l'emporter, et que l'une de ses faces soit toujours prête à germer.

La graine est enfermée religieusement dans un

4

étui vernis avec de la résine, munie de *Strobiles*
pour pouvoir arriver dans les lieux qui lui sont pro-
pices, baignée dans la résine, afin que ni l'air, ni la
pluie, ni l'humidité ne puissent l'altérer, et qu'ainsi
elle conserve sa propriété germinative pendant un
temps très-long, et afin de pouvoir se produire aussitôt que le besoin de l'atmosphère le demandera et
partout où il le demandera.

En même temps cette graine est produite en
grande quantité pour qu'elle soit assez nombreuse
pour résister à tous les accidents, et pour que cette
graine soit parfaite, l'arbre ne la produit
avec tout son complet qu'à son âge de maturité :
In senecta fertilissimæ glandiferæ, dit Pline.

Ne soyons donc pas surpris si, lorsque l'atmosphère renferme beaucoup d'acide carbonique, le sapin se montre où on n'en avait jamais vu ; s'il cherche à se substituer aux bois feuillus, si son accroissement est plus rapide et sa mort plus prompte ;
si la graine est en plus grande quantité, la nature
a fait une loi à tous les êtres de reproduire avant de
disparaître. Cette circonstance de la graine est importante pour fixer la durée de la vie du sapin.

Tous les êtres vivants ont trois grandes périodes :
la naissance, la reproduction et la mort. Le but de
la nature est la conservation des espèces, la per-
pétuité des êtres ; lorsqu'elle a atteint ce but, elle
semble ne plus tenir compte des êtres pris indivi-
duellement. Ainsi beaucoup de plantes périssent
immédiatement après avoir donné leurs graines ;
beaucoup d'animaux aussi meurent de suite après
leur reproduction. L'homme dont aujourd'hui
l'existence est bornée à quatre-vingts ans, voit la
faculté génératrice s'éteindre à 60 ans. Elle constitue une durée de la moitié de la vie, enfance et
adolescence 20 ans, virilité 40 ans, vieillesse 20
ans au plus. Les autres êtres dans leur vie obser-
vent la même proportion dans la durée de chacune
de leurs périodes, car la nature est uniforme dans
ses lois, elle ne procède ni par bonds ni par caprices.

Tous les naturalistes nous disent, MM. Lorentz et Parade en tête, qu'à soixante ans la graine de sapin a atteint l'apogée de sa fertilité. Voici donc le bel âge de sa virilité, l'âge où il est dans sa toute puissance physique et vitale, l'âge où il va marcher vers le déclin, car il a rempli le but de la nature, il s'est reproduit ; et comme on l'a déjà vu, la période du déclin ou de la vieillesse est toujours plus courte chez tous les êtres que la période de l'adolescence et de la virilité. Chez l'homme, les deux premières périodes donnent 60 ans, la période du déclin n'en donne que 20 au plus, et chez le plus petit nombre des humains encore.

Chez le sapin, dont les fonctions de nutrition sont comme chez l'homme, continuelles à raison de la non-caducité de ses feuilles, les deux premières périodes donnent 60 ans, la troisième doit peu s'en écarter, car nous l'avons déjà dit, la nature est uniforme dans ses lois ; de plus, retenons bien ce principe posé par M. de Candolle, page 223 : « *Les arbres vivent en général d'autant plus longtemps que leur bois est plus dur et leur surface difficile à altérer* » qu'ainsi leurs tissus moins serrés et moins durs sont plus facilement impressionnés par les causes destructives qui réagissent constamment sur eux. Le sapin étant un arbre tendre ne peut donc vivre plus longtemps que ne comporte sa structure, et plus il aura crû rapidement dans un bon sol, plus son exploitation devra être hâtive. Et cette croissance est souvent si rapide qu'un agent forestier a envoyé à l'exposition de Nancy une rondelle d'un sapin coupé à (douze pieds) 4 mètres du sol, portant 28 pouces de diamètre, et qu'après le comptage le plus minutieux et le plus scrupuleux, il n'avait trouvé que 120 veines ; d'où il concluait que l'arbre n'avait que 120 ans d'existence. M. Gurnaud, dans un mémoire présenté au conseil général du Doubs, à sa session de 1864, a établi par des calculs très-exacts qu'en suivant sa méthode dans la forêt de Rosemont, il obtiendra à 70 ans des sapins de 2 m. à 2 m. 40 de circonférence à 1 m. 50 du sol.

Tous les auteurs, même M. de Parade, page 125, constatent que l'accroissement du sapin, quand il a acquis un peu de force, est très-rapide ; qu'il s'élance très-vite et parvient souvent dans peu de temps à une hauteur de 40 à 45 mètres ; comme l'accroissement en hauteur, l'accroissement en grosseur est d'abord assez prompt, mais à partir de l'époque de la virilité, l'accroissement annuel, sous tous les rapports, diminue beaucoup. Si on fait une coupe transversale au tronc, et qu'on compte les couches du bois, on observe que jusqu'à 60 ans et quelquefois 70 ans, cet accroissement se soutient ; mais qu'à partir de là, l'accroissement annuel va constamment en diminuant ; l'arbre vieux, comme tous les vieillards, prolonge son existence, sa vieillesse se passe jusqu'à la mort sans perdre ni gagner sensiblement ; mais dès que cet accroissement diminue, le bois intérieur, c'est-à-dire les couches ligneuses passées, comme on le dit, à l'état de bois parfait, qui ne servent plus qu'à supporter les parties essentiellement vivantes, c'est-à-dire les couches d'aubier les plus extérieures et l'écorce, se détériorent, car elles ne sont pas indispensables à l'existence des arbres ; en effet, on voit tous les jours des arbres entièrement creux et qui végètent cependant.

Toutes les raisons puisées dans la physiologie végétale que nous venons d'étudier, suffiraient pour démontrer qu'on s'est trompé sur la longévité du sapin ; mais le hasard, père des découvertes, est venu nous donner raison de la manière la plus péremptoire. En effet, lors de l'ouragan des 6 et 7 novembre 1864, dans tous les lieux où il a sévi et fait de si effrayants ravages, on a constaté que les arbres en bon âge, de 60 à 80 ans, ont été déracinés, que les arbres trop vieux et qui dépassaient l'âge que nous venons de dire, ont au contraire été rompus, brisés, et montraient leurs bois usés, pourris, gâtés, roulés, bien qu'avant l'orage ces sapins parussent sains et propres à se conserver. Nous nous sommes empressé de publier cette observation dans les journaux de l'époque, et pour qu'on put la vérifier de part et d'autre, parce qu'elle fixait la durée de la vie du sapin, et qu'elle venait confirmer les belles expériences de Buffon, pour constater la force de résistance que possède chaque espèce de bois selon les âges (2º vol. page 305 à la page 323).

Lorsqu'on demandait à Buffon à quel âge on doit couper le bois, il répondait : *cet âge est celui où l'accroissement du bois commence à diminuer* (page 346), c'est ce point *maximum* qu'il faut saisir pour tirer tout l'avantage et tout le profit possible. Le même M. Buffon nous dit dans ses mémoires qu'il avait fait planter des *conifères* dans ses bonnes terres de Bourgogne, et il estime qu'ils peuvent être exploités à 50 ans. Nous pouvons, dans nos parages, citer aussi de bonnes terres, où le sapin qu'on y a planté pour les orner, a acquis en moins de cinquante ans, un développement et une grosseur très-étonnants. M. Buffon, dans ses expériences sur la force de résistance des bois, a constaté combien était amoindrie celle des bois âgés, et combien il fallait avoir soin de choisir les bois de service parmi les bois vigoureux et dont l'accroissement n'a pas diminué ; aussi nos paysans nous disent, d'après leur vieille expérience, qu'une fois les bois arrivés à l'âge requis pour les couper, ils s'usent plus et plus vite que lorsqu'ils sont employés. MM. Lorentz et Parade, directeurs de l'école de Nancy, nous disent eux-mêmes, page 445 : *que les futaies dont la révolution ne dépassera pas l'époque du plus grand accroissement moyen, ou s'arrêtera même en deçà, produiront une qualité de bois supérieure.*

Si l'ouragan des 6 et 7 novembre 1864, a démontré que les sapins en bon âge, c'est-à-dire de 60 à 80 ans, avaient mieux résisté que ceux qui dépassaient cet âge; si les belles expériences de Buffon ont prouvé qu'il devait en être ainsi, ne perdons pas de vue que les mémoires de l'Académie nous font connaître que lors des froids excessifs de 1709, les jeunes arbres ont mieux supporté le grand froid que les vieux. Tout concourt donc à démontrer que le sapin doit être exploité de 70 à 80 ans, même plus tôt dans les bonnes, terres ; qu'on ne peut dépasser cette limite sans que le propriétaire de la forêt ait à essuyer des pertes considérables, et sans que la forêt de sapins marche à grands pas vers sa détérioration et sa ruine, qu'à 70 ans la vitalité des sapins diminue ; les preuves en sont nombreuses, et incontestables; qu'ainsi ils n'échappent point à la loi générale, d'après laquelle chaque être organisé doit périr dans le temps fixé par les lois de sa vitalité; que si sur tous les points des monts Jura, on voit des forêts de sapins dans l'état de décadence, c'est parce qu'on a méconnu cette loi de la nature, et qu'on a supposé à cette essence forestière une vitalité qu'elle n'avait pas ; qu'on a cité sans preuve des exemples de longévité du sapin qui ont accrédité cette erreur.

On a pas assez fait attention quand a voulu fixer si loin la durée de la vie du sapin, que ces arbres, qui ont un travail incessant, vivent le double des arbres à feuilles caduques qui se reposent pendant l'hiver, et que la vie s'use d'autant plus qu'elle est privée de repos. Obligés de travailler pendant tout l'hiver pour remplacer les autres végétaux dans l'absorption de l'acide carbonique de l'atmosphère, d'assumer sur eux seuls le travail qui, en été, est réparti entre tous, leur fatigue est nécessairement plus grande ; un an pour ces arbres compte pour deux comparés aux autres arbres ; or 180 ans fixés pour leur exploitation représentent 360 ans ; 200 ans représentent 400; ceux de ces arbres que l'Ecole de Nancy nous dit avoir vécu 300 ans, auraient donc, comparés aux autres arbres, eu une existence de 600 ans.

Disons donc hautement que les lois de la physiologie sont en désaccord avec les écrivains forestiers qui ont voulu traiter de la longévité du sapin; qu'elles donnent à la durée de la vie de cet arbre un temps bien plus court; mais à la théorie, joignons quelques exemples de pratique, pris sur les lieux mêmes où nous puisons nos observations, et même empruntés pour la plupart aux forestiers eux-mêmes, car rien n'est imposant comme la voix des faits.

Rappelons-nous d'abord, ainsi que nous l'avons déja dit, qu'*Hartig*, l'un de nos meilleurs forestiers, a constaté que des sapins qu'il a fait abattre à 150 ans, le plus grand nombre était gâté; qu'ainsi il regarde 150 ans comme la limite extrême de l'âge du sapin; joignons à cette observation la suivante, bien plus moderne, qui la confirme.

M. Fumey-Ladoy, beau-père de M. le notaire Cordier, de Foncine-le-Haut, possédait un canton de sapins aux charbonnières de Châtel-Blanc. Pendant son existence, qui a duré 80 ans, il n'a fait qu'admirer ce bois qu'on regardait comme le plus beau du pays. Après sa mort ses héritiers y ont de suite porté la hache; ils n'ont pas été peu surpris de l'énorme quantité d'arbres pourris, usés, roulés et impropres à tout autre usage qu'à un mauvais chauffage, qu'ils y ont rencontrés. Observons aussi que l'ouragan de 1860 ne l'avait pas épargnée: et cette forêt n'avait, pas comme celles d'*Hartig*, 150 ans; car il résulte des renseignements que nous avons pris, qu'elle n'avait pas plus de 120 ans; en effet, un acte de partage des Essarts, que nous a communiqué M. Blondeau, ancien maire de Châtel-Blanc, porte toute cette forêt à la date de 1750 sous le titre de *Rejets*, ainsi que les cantons voisins.

Le célèbre Maclot, grand réformateur des forêts de Franche-Comté, réglant le premier avril 1725, le mode d'exploitation d'un nommé Joseph Baud, adjudicataire des coupes de la forêt de *Maubelin*, pendant 18 ans, réservait les *Sapinaux*. Ce grand forestier, livrait donc tous les arbres vieux et réservait toute cette jeunesse qui couvrait le sol, entretenait l'ombre et le frais, et protégeait les semis ; c'est cette jeunesse qui a grandi dès lors, qui constitue la belle et riche forêt de *Maubelin*, dont on extrait depuis plus de 40 ans les plus beaux arbres du pays.

Dans un canton de la forêt nationale du *Grand-Jura*, commune de *Levier*, dans un autre canton de la forêt de Pontarlier, dit le *Bois-dessus-oriental*, il y a environ 40 ans, M. Lorentz, inspecteur des forêts à Pontarlier, puis directeur de l'école de Nancy, fit enlever dans ces deux cantons tous les vieux arbres qui restaient des exploitations jardinatoires antérieures ; aujourd'hui ces cantons sont les plus beaux des forêts de *Levier et de Pontarlier*.

Nous extrayons le fait suivant du Bulletin de la Société d'Agriculture, sciences et arts de Poligny, publié en 1866 par M. Foyet, brigadier forestier :

« Lors des événements politiques de 1830, les habitants des communes voisines de la forêt de la Fraisse, canton de Champagnole, se jetèrent par attroupement dans la dite sapinière et y commirent de telles dévastations, que le nouveau gouvernement dut envoyer sur les lieux plusieurs compagnies de soldats, dont la présence parut un instant les intimider, mais ne les corrigea pas de leur déplorable habitude. Cependant, pour soustraire la forêt à ce désastreux maraudage, l'administration forestière avisa à un moyen grave, elle fit exploiter sur plusieurs centaines d'hectares des coupes définitives appelées dans ce pays *coupes à blanc-étoc*, ou coupes blanches. C'était, en effet, le véritable moyen de salut à adopter en ce moment d'effervescence révolutionnaire, sans quoi il eût fallu entretenir une garnison en permanence dans les villages habités par les délinquants ; en outre, par ce moyen, on coupait les vivres à ces derniers, qui se trouvaient forcés de se rattacher à la culture et de se moraliser ; puis, on faisait entrer dans la Caisse de l'État le produit des arbres qui eussent servi à alimenter leur coupable industrie. Enfin on dégageait du couvert des vieux arbres une jeunesse qui avait besoin d'air et de lumière ; aujourd'hui cette partie est couverte de sapins et c'est la plus belle partie de la forêt. »

Cet aveu sorti de la bouche d'un vieux forestier est bien précieux ; il constate : 1º que cette coupe à *blanc-étoc* a été très-avantageuse, et que cette partie de la forêt est la plus belle ; pourquoi ne pas continuer un aussi beau résultat ? Pourquoi, puisqu'on avait si bien réussi, ne pas régénérer en entier cette forêt aujourd'hui dépérissante ? Pourquoi l'administration forestière, lorsque l'expérience lui prouve qu'elle est dans le bon chemin, ne continue-t-elle pas à le suivre ?

Pourquoi, pour me servir des propres expressions d'un vieux forestier, ne pas *dégager du couvert des vieux arbres une jeunesse qui a besoin d'air et de lumière* ? Pourquoi une administration mécontente-t-elle toutes les communes et force-t-elle le Conseil général d'un département, fatigué des réclamations des communes, à se décider à élever la voix ?

Nous avons déjà parlé de la forêt de sapins de Syam qui, il y a moins de 80 ans, n'était qu'un taillis, et qui aujourd'hui forme une très-belle et très-riche forêt de sapins, puisque, d'après les calculs, elle donne chaque année 1354 mètres cubes d'accroissement qui peuvent être régulièrement exploités , non seulement sans nuire à la forêt, mais encore en la rendant plus prospère.

En 1810, M. Guérillot, de la Chaux-des-Crotenay, fit exploiter à blanc-étoc sa forêt du *Rachet*, aujourd'hui il a la plus belle forêt de sapins de nos montagnes, qui a bien résisté à l'ouragan des 6 et 7 novembre 1864 ; et déjà, depuis quelques années, son successeur en a commencé de nouveau l'exploitation.

5

En 1820, mon beau père fit exploiter la forêt du Châtelet et ne réserva, comme M. Guérillot, que les perches de sapins ; déjà depuis quelques années l'administration des forêts a fait exploiter les dépérissants qui sont assez nombreux et annoncent par là que le moment d'une nouvelle exploitation est arrivé.

La forêt de Mont-Libox, qui touche d'un côté le *Rachet* de M. Guérillot, et de l'autre le Châtelet, qui se trouve littéralement entre ces deux forêts, mais où à peine, depuis 150 à 200 ans, on a porté la hache pour abattre quelques sapins dépérissants, cette forêt de Mont-Liboz est loin, bien loin d'avoir d'aussi beaux arbres que les forêts que nous venons de citer et au milieu desquelles elle se trouve. Mont-Liboz a donc perdu deux exploitations, dans une période de 150 ans, pour n'avoir qu'une forêt qui ne croît plus et qui dépérit. Cela devait être, car, toutes les fois que les coupes sont insuffisantes dans une forêt, il s'y accumule un matériel ; il faut donc chaque année couper, outre l'accroissement, une partie de ce matériel surabondant pour arriver à établir le taux d'accroissement le plus avantageux. Si on laisse marcher les choses toujours comme auparavant, au lieu de cette opération de coupe qui améliore, il y a chaque année une baisse progressive du taux moyen de l'accroissement, baisse occasionnée par l'accumulation du matériel. On arrive aussi à avoir de vieux arbres qui, comme tous les vieillards, prolongent leur existence, et dont la vieillesse se passe jusqu'à la mort sans perdre ni gagner sensiblement, tandis que le but de l'aménagement est d'améliorer la forêt, c'est-à-dire d'augmenter l'accroissement annuel et par conséquent le revenu.

L'homme, lorsqu'il prétend se faire conservateur, n'agit-il pas souvent dans un sens contraire au but qu'il se propose ; l'extrême conservation est le commencement de la destruction.

La famille Monnier-Jobez, vers 1820, acheta les

belles forêts de sapins que le général Michaud possédait dans nos montagnes. Immédiatement elle exploita à *blanc-étoc*, la forêt *des Combettes*, sur Châtel-Blanc, et elle s'empressa de vendre le sol dénudé de cette forêt, aujourd'hui, les acquéreurs possèdent une belle forêt ; jeune et vigoureuse, où déjà ils commencent à porter la hache.

En 1843, mon père acheta aux *Ravières* de Châtel-Blanc, un canton de sapins qui venait d'être exploité à *blanc-étoc*, aujourd'hui ce canton est un des plus beaux de nos localités et j'ai commencé à y porter la hache.

Je pourrais multiplier mes citations, mais qu'on parcoure toutes nos montagnes, à chaque pas on rencontrera les mêmes exemples.

Disons donc que les lois de la physiologie, que les lois de l'expérience, d'un commun accord, repoussent les prétentions des personnes qui pensent et écrivent que la durée de la vie du sapin traverse sans altération les siècles ; qu'il importe de combattre cette grave erreur et dans l'intérêt des forêts et dans l'intérêt des communes; que nous croyons que l'école forestière allemande a raison, en fixant à 70 ans l'époque où le sapin doit être exploité; qu'elle se rapproche des données de la physiologie et de l'expérience. M. Gurnaud, lui aussi, admet 70 ans. Les cantons de Berne et Fribourg, qui possèdent des forêts de sapins, si riches et si belles, ont aussi admis 70 ans pour l'exploitation de leurs forêts. Ce ne sont plus aujourd'hui que les gens arriérés et en dehors du progrès qui parlent de 120, 150, 200 ans.

DEUXIÈME PARTIE.

I

Nous avons déjà dit que les anciens, en voyant les dimensions que le sapin acquiert, étaient per-

suadés que cet arbre vivait pendant des siècles ;
cette erreur, une fois admise, s'est propagée et en
a fait admettre une autre pour son exploitation ; en
effet, depuis 1669, on a posé en principe qu'on
devait exploiter le sapin en jardinant. De plus,
l'exploitation par pieds d'arbre en *jardinant*, est
la plus anciennement pratiquée dans toutes les espèces de forêts.

Il était naturel que, dans des pays couverts de
bois, on ne s'occupât que de profiter des arbres
tout formés qui se trouvaient à la portée des con-
sommateurs sans songer au plus ou au moins de
dégâts que pouvait causer leur extraction. Cette manière d'abattre les arbres est encore suivie dans les
forêts du nord de la Russie, dans celles de l'Amé-
rique septentrionale et dans tous les pays où l'a-
bondance des bois semble permettre de ne s'occu-
per que du présent ; on ne devait pas en prendre
une autre dans nos pays à l'époque où on brûlait
les bois sur place pour faire des pâturages.

Le jardinage consiste donc à enlever, çà et là, les
arbres les plus vieux, les bois dépérissants, viciés
ou secs et d'autres, mais en très-petit nombre en
bon état de croissance, mais qui sont réclamés par
le commerce ou la consommation locale. Dans ce
mode d'exploitation, « on a *pour principe de ne
jamais prendre que très-peu d'arbres à la fois sur le
même point. Trois ou cinq au plus par hectare.* On
a admis jusqu'ici, que terme moyen, une forêt de
sapins (déjà parvenue dans un bon état de croissance et d'aménagement), peut produire un cube
annuel de 2 à 3 stères par hectare, et c'est sur ces
faibles bases que l'aménagement des forêts de l'État
et des communes est établi, tandis que des calculs
très-exacts, mûris par des hommes compétents
portent la croissance par hectare au minimum de
18, 19 et 20 stères. C'était donc au minimum 15
stères par hectare qu'on retranchait à la commune
usufruitière. Cette faible délivrance à l'usufruitier
n'est pas même en rapport avec le tableau d'accrois-

sement admis par l'administration forestière, et ce tableau est bien inexact, puisqu'il a été pris sur des forêts vieilles et exploitées par la méthode du jardinage, si contraire à l'accroissement. Mais donnons ce tableau tel qu'il a été fourni par M. Raimond, ancien inspecteur des forêts du Jura, et admis :

« Un sapin de 20 ans n'a communément que 3 à » 4 décimètres de circonférence.

» Un sapin de 40 ans porte ordinairement 9 à 10 » décimètres de tour.

» A 50 ans il a 13 à 16 décimètres de tour.

» A 60 ans il a 20 à 25 décimètres de tour.

» A 75 il a 32 à 35 décimètres de tour.

» A 100 ans, il a communément 4 mètres de « tour.

» De 100 à 120 années sont nécessaires pour for-» mer un beau sapin ayant 35 à 40 mètres de hau-» teur : alors il cesse de s'élever, mais il continue » de grossir *insensiblement jusqu'à 150 ans, et* » *il commence à dépérir.* Il existe dans les sapinières » de l'Est, des sapins de 6 à 8 mètres de tour ; j'en » ai fait abattre trois de 9 mètres de tour, et j'ai » employé, pour sortir chaque pièce de la forêt, un » attelage composé de seize paires de bœufs et de » six vigoureux chevaux. » Notez que M. Raimond ne tient et ne peut tenir compte des circonstances exceptionnelles dans lesquelles nous nous trouvons et de l'accroissement donné par elles. Voilà l'état ancien de l'accroissement avec tous les obstacles qu'y apportait la mauvaise méthode d'exploitation admise. Ce n'est pas l'état actuel qui donne aujour-d'hui 2 mètres à 2 m40 de circonférence à 1 mètre 30 du sol (1), ce n'est plus l'arbre de M. Raimond qui à 75 ans, n'avait que 32 à 35 décimètres de tour. De l'observation de M. Raimond, il résulte qu'autrefois l'accroissement était plus long et la vie par consé-quent, parce que la nutrition était moins abon-

(1) Mémoire de M. Patel, 1865, page 33.

dante; toutefois, comme Hartig, il ne porte pas la
durée de la vie du sapin au-delà de 150 ans.

Un des reproches le plus grave auquel donne lieu
l'exploitation par jardinage, c'est de ne faire rendre
aux forêts, dans un temps donné, que des produits
matériels très-inférieurs *en qualité et en quantité;*
en effet, dans les forêts jardinées, nous voyons
les bois de toutes catégories entravés dans leur développement pendant un temps plus ou moins long,
et souvent jusqu'à la fin de leur existence, les bois
trop vieux ne sont plus propres au service; des
arbres qui ne croissent plus, occupent le sol inu-
tilement, tandis que s'ils étaient enlevés, ils seraient
remplacés par une nouvelle et vigoureuse génération qui donnerait d'excellents produits.

Nous ne pouvons nous dispenser de citer textuel-
lement ce que dit si bien Baudrillart, page 123 et
suivantes :

*Une forêt exploitée par jardinage ne peut four-
nir annuellement autant de bois qu'une forêt de la
même contenance exploitée par coupes périodiques.*

Pour se convaincre de l'exactitude de cette asser-
tion, il suffit de se rappeler que de gros arbres
épars sur la surface d'une jeune forêt s'étendent
beaucoup plus en branches, et occasionnent par conséquent des vides plus considérables que s'ils étaient
à des distances naturelles dans un seul massif. Sup-
posons, dans le premier cas, un hêtre d'une certaine grosseur, il étouffera par son ombre 60 à 80
mètres carrés de sous-bois; tandis que ce hêtre, en
massif serré et ayant par conséquent beaucoup moins
de branches, couvrirait à peine une étendue de 15
à 20 mètres carrés. Il suit de là que, dans les forêts jardinées, les arbres bons à être abattus étant
très-disséminés, et par conséquent d'une grande
ampleur de tête, couvriront des espaces deux ou
trois fois plus considérables qu'un pareil nombre
d'arbres du même âge dans les forêts soumises à
des coupes réglées. Outre cela, les bois jeunes et
moyens qui se trouvent entre les gros arbres dans

les forêts jardinées, ne sont point assez serrés, et
ne peuvent s'élever en hauteur; car ces gros arbres,
non seulement étouffent tous les plants qui se trouvent sous leurs branches, mais ils empêchent encore les perches et les brins qui les séparent, de
prendre tout l'accroissement dont ils seraient susceptibles. D'un autre côté, le recru qui pousse dans
les petites places vides est en grande partie étouffé
par les perches et brins eux-mêmes. Ajoutons à ces
causes de perte et de dégradation, que les arbres
que l'on coupe tombent sur ceux qui sont conservés, les écrasent ou les mutilent; que pour les
abattre les ouvriers se ménagent un espace en cou-
pant les jeunes brins qui les gênent autour de
chaque arbres; que le transport s'en fait souvent
avec des chevaux et des voitures, en se frayant
un chemin à travers les bois; que par là on est
forcé de couper ou de froisser une grande quantité
de sujets restant, et de détruire une multitude de
jeunes plants; que sur les pentes inaccessibles aux
voitures, il est souvent impossible de faire glisser
ces arbres en bas à cause des arbres restans; que
ces difficultés augmentent le prix de la main-
d'œuvre, et diminue d'autant celui du bois; que les
vides se multiplient à chaque exploitation, et ne
peuvent se repeupler que très-difficilement à cause
des bois qui les entourent.

On peut conclure de ce qui précède, qu'une
quantité donnée de gros arbres occupe, dans les forêts que l'on jardine, une surface beaucoup plus
grande que dans celles qui s'exploitent par coupes
successives, et que la même étendue de forêt ne
peut donner, dans le premier cas, que la moitié
au plus des bois qu'on obtiendrait dans les forêts
éclaircies, où les arbres réservés peuvent parvenir
au *maximum* de leur accroissement, et où ils fournissent d'ailleurs les pièces les plus importantes
pour la mâture; tandis que, dans les forêts jardinées, les arbres ne sont pas assez serrés pour pro-
curer beaucoup de pièces de ce genre.

Il est bien plus difficile d'apprécier les ressources d'une forêt exploitée en jardinant, que celles d'une forêt soumise à un aménagement régulier.

Dans les forêts qu'on jardine, les bois de tous âges se trouvent mêlés, et il y a toujours une multitude de vides dont l'étendue ne peut être bien calculée. Ces circonstances rendent presque impossible l'appréciation des ressources de ces sortes de forêts, parce que, d'un côté, on ne peut pas dire dans quelle proportion se trouvent les bois des différents âges, et que, de l'autre, on ne peut également apprécier la consistance plus ou moins serrée de la forêt, ni la proportion des parties peuplées avec celles qui ne le sont pas du tout. Il n'en est pas de même d'une forêt exploitée par coupes déterminées, où l'on trouve réunis dans les mêmes cantons les bois de même âge, et où l'on peut également juger de leur quantité et des produits que chaque âge peut fournir.

Il résulte donc que les forêts exploitées en jardinant présentent, sous tous les points, des bois de tout âge confusément mêlés, depuis le jeune bois jusqu'à la vieille écorce, et que les arbres qui ont le plus d'écorce, et qui ont le plus de grosseur et d'élévation, gênent ceux qui se trouvent immédiatement sous leur couvert et en ralentissent la végétation; de plus, les arbres n'étant pas serrés entre eux, s'étendent en branches, deviennent presque tous noueux, et n'atteignent pas la hauteur que la nature leur a assignée.

Il en résulte encore, que s'élevant pour ainsi dire par échelons, ils ne peuvent se soutenir réciproquement et ne présentent pas assez de résistance aux coups de vent et à la pression de la neige et du givre. Les bois les plus faibles, arrêtés dans leur végétation par ceux qui surmontent, contractent des germes de maladie, lorsque cet état de gêne, se prolonge; presque toujours ils languissent, rarement ils arrivent à un beau développement et souvent ils meurent. Non seulement les jeunes plantes de recrus, étouffées par les grands arbres, se développent très-lentement et un grand nombre périssent dans la jeunesse, mais encore dans la futaie jardinée, il n'est pas question d'enlever les jeunes bois dominés, qui, par conséquent, sont perdus pour la consommation.

Aussi, tous les bons observateurs forestiers reconnaissent *que les vents causent bien plus de ravages dans les forêts jardinées, surtout dans les forêts résineuses, que dans celles qui s'exploitent par coupes périodiques.*

Duhamel (1), en parlant des *sapins et epiceas,* dit qu'*il arrive fréquemment* que les ouragans *rompent,* déracinent et couchent sur le côté 30 et 40 arpens de bois; que ces espaces *se repeuplent très-difficilement.* Les ravages que les vents occasionnent dans les forêts d'epiceas viennent des *vides multipliés que laissent les arbres exploités par le jardinage.* Draclet, de Perthuis, Buffon, Hartige s'expriment de même.

« Dans les forêts jardinées (2), les arbres *exploi-* » *tables* (bons à être abattus) et ceux qui sont sur » le point de l'être se trouvent disséminés parmi » les jeunes bois. Le *vent peut donc frapper sans* » *obstacles sur la tête de ces arbres,* qui dominent » les brins d'un ordre inférieur. Cette circonstance » donne lieu à beaucoup plus de chablis que dans » les forêts qui sont exploitées par coupes succes- » sives, d'après les bons principes. D'un autre côté, » les vides et le trop grand éclaircissement de la » forêt, occasionnés par toutes les causes dont nous » avons parlé, fournissent des passages multiples » aux vents, qui causent les plus grands dégâts » parmi le reste du bois, surtout quand ils viennent » de l'ouest et du nord-ouest, et qu'ils s'exercent » sur *les epiceas* dont les racines tracent à la sur-

(1) Page 121, tome 2e.
(2) Baudrillart, page 124, vol. 2c.

» face du sol. Les arbres qui ne sont pas tout à
» fait renversés par les vents, sont souvent ébran-
» lés dans leurs racines ou penchés sur le côté.
» Dans cet état, ils souffrent. Leur sève s'altère, et
» ils deviennent le berceau des insectes qui, comme
» le *Dermestes typographus*, se multiplient de pré-
« férence sous l'écorce des arbres malades, pour
» envahir ensuite les arbres sains de la forêt »

Nous le voyons, les forestiers constatent eux-
mêmes que les orages qui détruisent nos forêts sont
fréquents, que les dégâts qu'ils font ont été prépa-
rés par la mauvaise exploitation. Pourquoi ne pas
la changer! Pourquoi rester toujours exposés à ces
effrayantes catastrophes! Pourquoi continuer à les
préparer ! Les terribles ouragans de 1860, et des
6 et 7 novembre 1864 ont dû servir de leçon. Dans
tous les lieux où ils ont sévi et fait de si effrayants
ravages, on a constaté que les arbres en bon âge,
de 60 à 80 ans, ont été déracinés, que les arbres
trop vieux, et qui dépassaient l'âge que nous venons
de dire, ont, au contraire, été rompus, brisés, et
montraient leurs bois usés, pourris, gâtés, roulés.
Nous nous sommes empressé de publier nos observations dans les journaux du pays, afin d'attirer
l'attention sur les moyens à prendre pour empêcher
ces catastrophes. Mais nous avons été littéralement
la *vox clamentis in deserto*. — Avez-vous pris quelques précautions pour faire disparaître ces vieux
arbres qui n'attendent plus qu'un nouvel ouragan
pour être brisés et impropres à tout service comme
leurs devanciers? Avez-vous augmenté les maigres
délivrances que vous faites aux communes? — Je vois
suivre la vieille marotte. Elle nous conduira au
même résultat. Et cela doit être ?

Car disons que ces ouragans qui ne laissent sur
sur le sol de nos forêts que désordre, confusion
et ruines, ne sont dans les mains du Créateur qu'un
moyen de régénérer les forêts, et le seul moyen
d'exploitation avant que nos montagnes fussent ha-
bitées; qu'ils ont pour but de faire disparaître les

arbres qui devraient déjà avoir cédé la place à d'autres. Aucune génération n'est éternelle sur la terre,
elles doivent toutes disparaître successivement. C'est
ainsi que Dieu se joue des systèmes de conservation inventés par les hommes, fussent-ils même
forestiers, lorsque ces systèmes sont en opposition
à ses lois, et qu'ainsi sa sagesse voit plus haut et
plus loin que la sagesse humaine ; nous l'avons déjà
dit, mais répétons-le encore, *l'extrême conservation
est le commencement de la destruction*.

C'est dans l'intérêt des habitants que la loi a confié à l'administration forestière la conservation des
bois des communes qui sont tout à la fois destinés
à satisfaire aux besoins des générations présentes
et des générations futures. Cette administration semble, en s'instituant *la conservation des forêts*, avoir
pris à tâche de protéger les générations futures, et
nous nous disons qu'elle est en opposition directe
avec les besoins des deux générations ; qu'elle trahit
les intérêts de tous les deux en ruinant les forêts.
En effet, par son système jardinatoire, elle entasse
dans chaque forêt un trop grand matériel, empêche
l'accroissement des forêts, prépare les désastres
des ouragans, qui ne peuvent pas ne pas arriver,
car nous avons démontré qu'ils étaient dans les lois
providentielles.

Lorsque ces ouragans prévus se déchaînent, la
forêt est détruite, et c'est M. Duhamel, l'un de
nos plus savants forestiers, qui nous dit que ces
forêts détruites par les ouragans *se repeuplent difficilement* ; la forêt est donc perdue ou à peu près
pour la génération future. Avez-vous mieux, par
votre faux système d'exploitation, servi les intérêts de la génération présente ; la forêt est détruite, les vieux arbres brisés sans valeurs pour
elle. Parmi les arbres propres au service, il y en
a trop ; difficile de les vendre même à un prix réduit, car ils se gâtent rapidement, et les insectes
qui viennent prendre possession des arbres qui res-
ent trop longtemps à être enlevés, *envahissent et*

détruisent les arbres sains que l'ouragan a laissés
sur pied; c'est Baudrillart, l'un des vôtres, qui vous
le dit, page 124. Vous êtes obligés, pendant nombre
d'années, de réduire encore les maigres délivrances
que vous faites chaque année aux communes. Avez-
vous bien servi les intérêts de la génération présente ?

C'est M. Martignac, commissaire du roi, dans
l'exposé des motifs du Code forestier, que nous ap-
pellerons pour régler ce compte, voici ce qu'il disait : « La ruine des forêts est souvent devenue
» pour les pays qui en furent frappés une véritable
» calamité et une cause prochaine de décadence
» et de ruine. Leur dégradation, *leur réduction au-*
» *dessous des besoins présents et à venir,* est un
» de ces *malheurs* qu'il faut prévenir, une de *ces*
» *fautes que rien ne saurait excuser,* et qui ne
» se réparent que par des siècles de persévérance
» et de privation. »

Si les forêts échappent aux désastres des ouragans, le système jardinatoire ne les conduit pas
moins à leur ruine et au déboisement.

Un principe incontestable, c'est que toute plante,
pour croître exige un certain espace, aussi bien
dans le sol pour y étendre ses racines, que dans
l'atmosphère pour y étaler ses branches; et qu'à
mesure de l'accroissement de la plante, l'espace
qu'elle occupe devient nécessairement plus grand.
De là, la nécessité matérielle d'une diminution
dans leur nombre au fur et à mesure de leur
accroissement. Il s'engage donc une lutte entre
les arbres de la forêt, les plus faibles cèdent aux
plus forts; plus donc vous aurez laissé de matériel
dans votre forêt, plus la lutte sera vive et plus la
perte sera grande.

Ainsi, plus on laisse les sapins sans les couper,
plus les radicelles des uns s'avancent vers celles
des autres; c'est à celui qui soustraira le plus de
principes nourriciers à son voisin et hâtera sa
mort. Ainsi, plus on retarde la coupe, plus le

sapin dépérit, se couronne, ne croît plus; plus la
forêt se ruine, car entre les extrémités radicel-
laires de chaque arbre, il n'y a plus d'espace, plus
de sucs nourriciers. Voilà la raison pourquoi vous
trouvez chaque année tant de chablis, d'arbres secs,
de dépérissants dans vos forêts jardinées. Il y a
même des communes dont les coupes annuelles se
composent presque exclusivement de ces sortes de
bois, votre forêt finit par ne plus renfermer que
quelques grands et beaux arbres, de superbes
géants que vous admirez mais qui coûtent bien cher
aux pauvres communes. Comptez l'espace qu'ils occupent, et le temps pendant lequel ils l'occupent, le
nombre d'arbres qu'ils ont fait périr, et vous serez
étonnés de leur prix de revient.

Mais enfin tout a un terme; il arrive un moment
dans votre vieille forêt dont les radicelles se dispu-
tent depuis longtemps les rares sucs nourriciers, que
la terre est usée pour la production du sapin,
qu'elle ne peut plus compter que sur ses feuilles
pour l'opérer et pour prolonger sa chétive et lan-
guissante vie. C'en est fait, la forêt de sapin a disparu, le hêtre ou le bois blanc a pris sa place. Les
intérêts de la génération future ont-ils bien été
protégés par votre système de jardinage?

De tout ce qui précède, il résulte bien évidemment que nous avons surabondamment démontré
les deux premières propositions posées dans notre
premier article; reste la troisième ainsi conçue :
votre système d'exploitation conduit à la ruine de
nos fromageries. Sa discussion ne sera pas longue,
puisque vos auteurs l'avouent eux-mêmes. Baudrillart, page 124, s'exprime ainsi :

*Dans les forêts exploitées en jardinant, le pâtu-
rage ne peut jamais avoir lieu sans causer le plus
grand tort au jeune recru.*

« Comme on enlève tous les ans, sur presque
» chaque partie de la forêt, les arbres arrivés au
» terme de leur croissance, et que les places vides
» qui résultent de l'extraction doivent se repeupler

» naturellement, il devient indispensable de main-
» tenir constamment toute l'étendue de la forêt en
» défends, tandis que dans les futaies exploitées
» par coupes, on peut permettre le pâturage dans
» tous les cantons, depuis l'âge de 25 ans jusqu'à
» l'époque de leur exploitation. L'*exercice du pâ-*
» *turage n'empêche pas la régénération et l'accrois-*
» *sement de la forêt*, pourvu seulement qu'on ait
» l'attention de défendre les coupes âgées de moins
» de 25 ans de l'introduction des bestiaux. La né-
» cessité d'interdire le parcours dans les forêts ex-
» ploitées en jardinant, impose de *notables priva-*
» *tions* dans les pays pauvres en pâturages,
» comme ceux des montagnes, où sont ordinaire-
» ment les forêts résineuses. Ces privations sont
» donc à ajouter aux inconvéniens de ce mode. »

Ces notables privations ont été calculées ; on admet que trois hectares de pâturage, terme moyen,
peuvent nourrir une vache, mais pour ne pas mar-
chander, mettons en quatre ; les communes et les
établissements publics, dans l'arrondissement de
Poligny, possèdent 21,030 hectares de forêts ; ce
qui fait que, si le Pâturage était permis, on pourrait nourrir 5,257 têtes de vaches de plus, qui
donneraient aux boucheries, terme moyen, 523,700
kil. de viande, 525,700 kil. de fromage, 126,178
kil. de beurre ; donc, perte réelle, par an, pour le
seul arrondissement de Poligny, 651,886 francs.
En admettant le pâturage, le sol de la France
pourrait nourrir en plus 2,500,000 têtes de vaches
en plus, le non-paturage fait donc perdre chaque
année à la France une somme de 588,000,000.
Ce n'est pas tout, les forêts de la France rece-
vraient, chaque année, terme moyen, 6,750,000,000
kil. d'engrais, tandis qu'on laisse le sol s'épuiser
en lui prenant toujours et en ne lui rendant jamais rien.

L'expérience des anciens ne regardait pas le pâturage comme contraire à la production du bois,
et l'expérience moderne, depuis trente ans, vient,

nous dit M. Patel dans son mémoire, page 9, confirmer l'expérience des anciens.

Sous les Gaulois, nos pères, les forêts étaient remplies de vaches, de bœufs et de porcs, et cependant ces mêmes forêts faisaient l'admiration des nations, et on y a pris cette immense quantité de bois qu'il a fallu pour bâtir la France.

« Ainsi, dit M. Delacroix, la forêt gauloise, in- « dépendamment de son produit en bois, rendait « comme pâturage, un autre produit d'une valeur « plus que décuplée, source d'une vie abondante « au dedans et d'un immense *commerce extérieur* « en viandes salées de bêtes rouges et de porcs ; « Rome et les contrées italiennes tiraient de là « leurs approvisionnements. »

Ces paroles du savant européen, auteur d'Allésia, sont confirmées par les témoignages de *Pline, Columelle, Varron, Julius Capitolinus.*

La Gaule donc avec son immense population fournissait l'Italie pour les approvisionements en viande, tandis que la France chaque jour devient de plus en plus tributaire de l'étranger, c'est que les Gaulois, connaissaient la sylviculture, qu'ils n'ignoraient pas l'usage qu'on peut tirer d'une forêt, que, sans le secours du pâturage, le sol forestier couvert de mousses, d'herbes et de feuilles desséchées, sans culture, sans engrais, s'appauvrit de plus en plus, et ne peut donner que des arbres auxquels il faut de nombreuses années pour se développer, car tout est usé, sol est racines, graines et souches.

Nous sommes très-enchanté d'emprunter au *Bulletin des sciences et arts* de Poligny, l'article suivant :

Améliorations agricoles

PAR BEL.

Utilité réciproque des troupeaux et des forêts.

« Pourquoi certaines forêts, qui donnaient de « forts bois de quartiers et de corde, n'en produi-

« sent-elles plus que de charbon et de fagots ?
« c'est que, dans le premier cas, le bétail y pra-
« tiquait, dès que les taillis étaient défensables,
« des jours, des sentiers qui facilitaient la circula-
« tion de l'air et des rayons du soleil, et qu'en
« broutant les tendrons des ronces et autres épi-
« nes, ainsi que les gourmands des arbres, ces
« parasites ne s'y multipliaient pas ; c'est que,
« aujourd'hui, ces végétaux meurtriers, dont les
« graines mûres tapissent le sol, y germent et en
« aspirent, au détriment des bonnes essences, les
« sucs nourriciers et le privent d'air et de chaleur.
« Les troupeaux, quand il leur était permis de pâ-
« turer les bois, ce qui ne se pratiquait guère que
« pendant les grandes chaleurs, temps où les par-
« cours sont en quelque sorte brûlés, y trouvaient
« une nourriture fraîche et abondante, étaient à
« l'abri des mouches et s'y étrillaient, pour ainsi
« dire, en se frottant contre le tronc des arbres,
« avantages qui leur font défaut sur des steppes
« sans ombrage. Quelles différences ne remarque-
« t-on pas entre les bêtes à cornes qui hantent,
« par exemple, les forêts de haute futaie, surtout
« les forêts de sapins, et celles à qui cet avantage
« est refusé ? Les premières semblent tenir de la
« beauté et du volume des arbres, et les secondes,
« de la laideur et de la maigreur de leurs parcours.
« Aussi, la vache qui paît dans les bois, donne-t-
« elle jusqu'à 20 litres, et même plus, de lait par
« jour, au lieu que celle qui est condamnée aux
« parcours dénudés, en donne à peine 6 ou 8.

M. le comte A. des Cars, membre de la société
forestière, à la page 64 de son ouvrage, s'exprime
ainsi :

« Malheureusement, il est un fait incontestable,
« c'est qu'il est souvent impossible de trouver une
« quantité suffisante de baliveaux, tandis qu'il est
« constant, d'après le témoignage de tous les vieux
« bucherons, qu'il y a cinquante ans encore, on en
« rencontrait en abondance.

« A quoi attribuer cette disparition subite ? On
« ne peut admettre un soudain appauvrissement
« du sol. Cette rareté croissante des baliveaux de
« chêne ne serait-elle pas due à l'éloignement du
« bétail ? Serait-il absurde de prétendre que le
« piétinement des bestiaux, admis au pacage dans
« les taillis défensables, enterrait le gland à une
» profondeur suffisante, lui donnait une fumure,
« le mettait, en un mot, dans des conditions émi-
« nemment favorables à la germination ? Sans vou-
« loir m'éloigner de mon sujet de l'élagage, je li-
« vre cette simple observation aux hommes com-
« pétants. Ce qui est sûr encore, c'est qu'à l'heure
« qu'il est, les baliveaux de chêne ne manquent
« pas dans les bois fréquentés par les cerfs, les
« sangliers, et dans ceux où les porcs vont à la
« glandée.

« Tous les naturalistes reconnaissent l'action in-
« cessante du règne animal dans la production des
« plantes de toute espèce, des insectes dans la
« fécondation, des oiseaux dans les ensemence-
« ments et en particulier dans les ensemencements
« forestiers.

Nous pourrions citer un grand nombre d'écrivains, fort compétents, qui tous reconnaissent non-
seulement l'utilité du pâturage, mais même sa nécessité, pour l'amélioration des forêts ; nous pouvons même dire que le pâturage de l'espèce bovine
a contribué, dans les siècles qui nous ont pré-
cédés, pour une grande et puissante part à la conservation de nos forêts, et qu'aujourd'hui son absence les conduit à leur ruine.

Notre opinion sera loin d'être partagée par les
forestiers qui ne cessent, depuis Philippe-Auguste,
en 1180, de répéter invariablement leur vieil
axiome : *La dépaissance est le plus rude fléau des
bois.* Comme déjà plusieurs fois cet article de leur
symbole a été combattu dans le Jura, nous ne répéterons pas ce qui a été dit, nous nous contenterons d'indiquer, à ceux qui voudraient étudier cette

7

question, les documents qu'ils peuvent consulter :

1° En 1860, un mémoire, par nous inséré au n° 6, page 137 du bulletin de la Société Sciences et Arts, de Poligny ;

2° Même recueil, page 145, Paturage et Sylviculture, par M. Gréné, inspecteur des forêts, à Poligny. Ce mémoire brille par le verbiage, le décousu des idées, l'absence de logique et de preuves, mais en revanche il est riche en insultes ;

3° Délibération du Conseil d'arrondissement de Poligny, du 18 juillet 1859, qui propose d'autoriser le pâturage dans les forêts, lorsque le taillis aura atteint six ans ;

4° Lettre de M. le conservateur des forêts du Jura qui, consulté par le Conseil général sur cette questions, résume toute les objections. Recueil du Conseil général du Jura 1859, page 355.

5° Par sa délibération du 26 août 1859, page 356, le Conseil général estime que les forêts ne peuvent être livrées sans danger au parcours, avant que les taillis n'aient atteint au moins 10 à 12 ans d'âge.

6° Mémoire de M. Munier, du 28 décembre 1865, qui traite à fond la question et répond à toutes les objections ; imprimerie Gauthier frères.

Si nous ne voulons pas reproduire sur les pâturages tout notre travail de 1865, cependant il est une question qui s'y rattache et qui y a été traitée, que nous ne pouvons passer sous silence à raison de son importance et de son actualité :

De toutes parts on se plaint de la disparition des oiseaux, des ravages et des dégâts que commettent les insectes dont ils se nourrissent ; pense-t-on que la suppression du pâturage dans les forêts soit étrangère à cette rude épreuve que l'agriculture a à subir ? Pour nous, nous sommes convaincu qu'elle entre pour une large part dans cette disparition des oiseaux, et que ce ne sera que quand le pâturage sera permis dans les forêts que ce fléau de l'agriculture disparaîtra. En effet, les forêts sont le toit protecteur des oiseaux, mais il faut qu'ils y trouvent la plus grande partie de leur nourriture, c'est ce qui a lieu lorsque le pâturage s'exerce dans les bois. Les porcs labourent le sol des forêts, les vaches par leur piétinement le labourent aussi ; par ce moyen les vers, les insectes destructeurs du bois, obligés de sortir de leur demeure, sont saisis par l'oiseau qui, perché sur la branche, les guette pour en nourrir sa jeune couvée. Il y a plus, les vaches et les autres animaux, par leur engrais, facilitent la reproduction des mouches et des vers, et fournissent une abondante pâture aux oiseaux. En supprimant le pâturage dans les forêts, vous supprimez la principale nourriture des oiseaux, vous les obligez à aller chercher la nourriture dans les lieux où les piéges les attendent et les détruisent. Nombre d'oiseaux se plaisent parmi les troupeaux, nous citerons la bergeronnette jaune et l'angou-le-vent ou tête-chèvre ; si on voit souvent ces oiseaux voler au milieu des troupeaux, c'est pour saisir les insectes qui abondent parmi eux. Comme nous l'avons déjà dit, tout se lie dans la nature, la vache est utile dans la forêt, la vache pâturant dans les forêts y multiplie les oiseaux.

Une autre question qui se rattache au pâturage dans les forêts et qui a bien son importance, c'est celle des insectes qui se multiplient, comme le disent vos auteurs de préférence, sous l'écorce des arbres malades, pour envahir ensuite les arbres sains de la forêt. Un des meilleurs moyens de destruction pour ces insectes est l'urine de la vache, ajoutez que l'amélioration du sol produite par les urines des animaux ne doit pas être mise dans l'oubli, tous les bons cultivateurs en tiennent compte, et dans les forêts de sapins on doit en tenir plus compte que jamais, car une maladie nouvelle commence à se déclarer dans ces forêts et n'a pas d'autre remède que celui-là.

Dès la fin du mois d'août 1868, quelques propriétaires de nos montagnes avaient remarqué qu'un plus grand nombre de sapins avaient péri cette année que les années précédentes, que ce nombre était plus grand dans les forêts non pâturées que dans celles qui étaient soumises au pâturage ; on attribua d'abord la cause de ce fait au froid de l'hiver et à la longue sécheresse de l'été, toutefois, chacun ne se contenta pas de cette explication, on constata que des insectes en grand nombre s'étaient développés près de la racine entre l'écorce et le bois; et que ces insectes ne présentaient aucune analogie avec les insectes qui se développent ordinairement sur le sapin sec et non écorcé. On cru aussi observer que les feuilles du sapin, en jaunissant, ne le faisaient pas comme d'habitude, c'est-à-dire, comme lorsqu'elles se décolorent sous l'action de la sécheresse et de la maturité : en effet ce jaunissement a quelque chose de particulier, les feuilles en sont atteintes uniformément sur leur étendue toute entière et non par portions, comme lorsqu'elles se décolorent sous l'impression des causes que nous avons dites, dès lors, ce ne peut être le froid et la sécheresse qui ont produit cet effet.

Quand on découvre les racines des arbres à l'état de jaunisse, on reconnaît qu'elles sont déjà pourries en grande partie, et que cette altération monte de leur naissance vers le tronc. Sur les racines mortes on observe une pourriture noire, les écorces noircissent aussi, leur consistance s'amollit comme ce qui tombe en pourriture, la partie ligneuse renfermée sous l'écorce noircit aussi et pourrit.

On a fait deux hypothèses pour expliquer ce jaunissement du sapin: on a d'abord dit que l'ouragan de 1864 a ébranlé et lésé les racines d'un grand nombre de sapins, détruit leur vitalité en rompant les radicelles et que dès lors ces arbres n'ont pu reprendre vie ; si cette explication était vraie, le jaunissement du sapin n'eût pas attendu à se produire, nécessairement il se fut produit dès 1865, et avant 1868 tous les arbres atteints seraient morts et sans présenter les faits que nous signalons.

La 2ᵉ hypothèse n'explique pas mieux; on a dit : par suite de l'ouragan il y a eu un si grand nombre d'arbres abattus qu'on a été obligé d'en laisser séjourner sur place, sans les écorcer, en quantité, ce qui a amené la production d'un grand nombre d'insectes qui aujourd'hui attaquent les arbres de la forêt; mais, pour que ce système fût vrai, il faudrait que les insectes fussent les mêmes que ceux qui se développent ordinairement sur le sapin non écorcé, tandis que ce sont des insectes différents.

En effet, malgré le plus minutieux examen, nous n'avons pu reconnaître, ni le *Bostriche typographe*, *Bostrichus typographus*, ni le *Bostriche du pin sylvestre*, ni le *Piolyte piniperde*, *Piolytus piniperda*, ni le *Piolyte destructeur*, *Piolytus destructor*, ni des *anobium*, *ni des Plines, etc.*

Nous avons donc à faire à un insecte nouveau qui comme tant d'autres dans certaines années, apparaissent spontanément, sans qu'on puisse apprécier exactement les causes qui les produisent, disparaissent aussi spontanément, ou persistent avec une résistance souvent bien désastreuse. Tout nous fait croire que l'insecte qui dévore les racines du sapin, qui est né en même temps et sous les mêmes influences atmosphériques que celui qui dévore les racines des vignes du midi, est de la même nature, qu'il appartient à la même espèce, et qu'il procède de la même manière. *MM. Bazille, Planchon et Sahut* l'ont décrit sous le nom de *Bizaphis vastatrix*, puis de *Phynoxera vastatrix*.

Les délégués de la société centrale d'agriculture de l'Hérault nous disent qu'il appartient au genre des *Aphidiens*, que cependant il diffère des *Aphis* véritables et se rapproche des genres *Forda*, *Paractetus*, *Rhisobius*, et nous promettent des études suivies et exactes sur cet insecte, études qui ne sont point encore publiées, ou du moins, que nous n'avons point encore reçues quoiqu'elles nous intéressent au plus haut point.

Dans les études faites jusqu'ici par la Société d'agriculture de l'Hérault, une circonstance nous a surtout frappé, c'est qu'au nombre des remèdes qu'elle propose, figure en première ligne, et comme l'un des plus certains, *l'urine, surtout celle de vache.* *L'urine de vache,* dit-elle, *non-seulement tue l'insecte, mais donne à l'arbre une végétation presque trop exubérante.* (Journal de viticulture pratique, n° 23, page 534.)

Rien ne nous indique que la maladie du sapin fera des progrès, mais rien non plus ne nous assure qu'elle ne se présentera pas avec des menaces plus fortes ; dans ce cas ne serait-il pas plus prudent d'ouvrir la forêt au pâturage et de ne pas toujours s'abriter derrière ce vieil adage, fondé sur rien, *la dépaissance est le plus rude fléau des bois,* car enfin si la maladie se déclarait avec intensité, ne donnerait-elle pas naissance à cet autre axiome, *la non-dépaissance est le déboisement de la forêt.*

Nous avons hésité si nous publierions nos observations sur le jaunissement du sapin, car nous savions que la question était étudiée par les forestiers, et nous attendions toujours qu'ils publieraient le résultat de leurs observations : la question en vaut la peine.

L'admistration des forêts, depuis déjà quelque temps, s'est aperçue qu'on avait fait fausse route en supposant au sapin une longévité si grande et en continuant à l'exploiter par le mode de jardinage. Aussi les nouveaux ouvrages sortis de l'école de Nancy annoncent-ils une tendance à modifier ce mode d'exploitation ; plusieurs inspecteurs éclairés ont aussi cherché à augmenter les délivrances des communes ; mais pour sortir de la vieille routine, on se livre à des tâtonnements. Différents systèmes se présentent ; pour leur application il y a division dans le camp. Pour ne point avoir à discu-

ter, car nous ne sommes partisan d'aucun de leurs
nouveaux systèmes, nous citerons ce qu'ils disent
eux-mêmes, Baudrillard, page 128 :

« Le semis artificiel est nécessaire toutes les fois
« qu'on ne peut faire de coupes sombres, parce que
« l'ensemencement naturel qui provient de la par-
« tie non exploitée est ordinairement si incomplet,
« qu'on ne pourrait, sans le secours de ce semis et
« de la plantation, obtenir un beau repeuplement ;
« mais il est important d'y procéder aussitôt après
« l'extraction des souches et avant que le sol soit
« recouvert d'herbes, parce qu'alors il s'exécute
« bien et à peu de frais, et qu'on gagne en peu
« d'années, du côté de la croissance, bien au-delà
« de ce qu'à pu coûter cette opération.

« Il y a des auteurs qui recommandent aussi,
« lorsqu'une bande exploitée à blanc ne peut se réen-
« semencer assez promptement, de laisser sur pied
« et intacte une bande de 30 à 40 mètres de large,
« d'en exploiter une nouvelle derrière celle-ci, et
« de continuer ainsi jusqu'à ce que les plus an-
« ciennes bandes exploitées soient suffisamment
« garnies de jeunes bois (1), ou bien de laisser des
« bouquets de bois sur pied, çà et là, pour qu'ils
« répandent de la semence autour d'eux.

« Je ne puis approuver aucune de ces deux mé-
« thodes, car si le local est exposé à de grands
« vents, les bandes restantes où les bouquets de bois
« conservés, qui alors sont exposés à toute l'im-
« pétuosité de ces vents, ne peuvent tarder à être
« renversés. Si, au contraire, on n'a pas à crain-
« dre l'effet des vents sur les bandes ou bouquets
« non exploités, alors c'est le cas de pratiquer la
« coupe d'ensemencement, qui donne bien moins
« de prise au vent, puisque après cette coupe, la
« forêt conserve encore la moitié de son état
« serré.

« Je conseille donc, pour tous les cas où l'on
« n'aura pas à craindre, d'une manière évidente, les
« désastres du vent, de pratiquer dans les forêts

« d'épicéas les coupes de réensemencement telles
« que je les ai indiquées ; et quand ces coupes ne
« peuvent avoir lieu, d'y substituer les coupes par
« bandes et à blanc étoc, de semer ces bandes à
« la main, aussitôt après l'extraction des souches,
« et de ne pas compter beaucoup sur le massif non-
« exploité pour le réensemencement naturel, qui,
« dans ce cas, est toujours incertain.

« Je n'ai pas encore vu de jeunes forêts d'épi-
« céas bien fournies de plants également distri-
« bués sur la surface du sol, qui provinssent de
« l'ensemencement naturel dans le cas de l'exploi-
« tation par bandes et à blanc étoc ; au contraire,
« j'ai toujours remarqué que ces forêts étaient
« très-imparfaitement repeuplées ; qu'il n'y avait
« que des lisières étroites, c'est-à-dire les bords
« du massif restant, qui fussent passablement re-
« peuplées, parce qu'à l'époque où la semence
« s'échappe des cônes, il fait quelquefois si peu de
« vent, que la semence est à peine portée à quel-
« ques toises du massif.

« Quant à la manière de traiter ensuite une
« jeune forêt d'épicéas pour accélérer sa croissance
« autant que possible, elle est la même absolu-
« ment que celle que nous avons indiquée pour les
« forêts de sapins communs, c'est-à-dire qu'il faut
« y faire, aux mêmes époques, les éclaircies dont
« on a parlé.»

Il y a quelques années j'avais tellement entendu
signaler les forêts de sapins de la Suisse comme
très-belles, mais aussi exploitées et soignées d'une
manière irréprochable, selon la méthode allemande,
ou si l'on aime mieux selon les principes de Biher-
man, le grand sylviculteur de la Prusse, que je ne
pus résister au désir de les visiter, et je puis assurer que j'ai été complètement édifié.

Cette méthode est simple, peu dispendieuse, répond à toutes les exigences, et surtout défend des
ouragans, elle réalise ce vœu de toutes les communes, *faire produire aux forêts tout ce qu'elles*

peuvent rapporter. Voici en quoi elle consiste :

Leur aménagement est fixé à 70 ans, c'est-à-dire, si une forêt a 700 hectares, on coupe chaque année dix hectares à blanc étoc, en commençant par un bout de la forêt, ainsi de suite, jusqu'à la 70ᵉ ou dernière coupe. Aussitôt la coupe enlevée, on livre les troncs, les branches, les racines aux *pauvres* qui doivent les enlever pour leur chauffage ; dans certains cantons on n'enlève pas les troncs et les racines, on les laisse pourrir, en se fondant sur ce fait que quiconque a parcouru les forêts de sapins a remarqué que c'est sur les vieilles souches pourries que les graines de sapins réussissent le mieux, par la double raison qu'elles trouvent là un bon engrais et un sol riche de sucs nourriciers accumulés depuis la dernière exploitation.

Qu'on ait enlevé oui ou non les troncs, les souches, les racines, on écobue le sol de la coupe ; après l'écobuage on le bêche aussi profond que possible. Ensuite on va extraire, dans la saison et le moment convenable, dans les pépinières destinées de longue main à cette opération, on va, dis-je, extraire des replants de sapins de la plus grande beauté, on les plante avec ordre, mais en massifs serrés, sur toute l'étendue de la coupe, en cherchant à imiter la nature dans cette opération.

Dix ans après, on va faire une coupe d'éclaircie qui produit des échalas pour une valeur considérable ; le seul canton de Fribourg en produit chaque année pour un million. (1)

On laisse cette partie de la forêt jusqu'à 25 ans, alors on fait une 2ᵉ coupe d'éclaircie, et on obtient des perches, même déjà des chevrons, ce qui produit encore un revenu considérable.

Dès lors la forêt n'a plus d'arbres dépérissants ou souffreteux, tous ont l'espace nécessaire dans le sol pour étendre leurs racines, et déployer leurs branches ; rien n'entrave plus l'accroissement qui

(1) Guide suisse, page 119.

8

marche avec rapidité, qui donne de beaux arbres à l'expiration des 70 ans.

Maintenant comparons en détail le système allemand avec nos différents modes d'exploitation ; d'abord Baudrillard nous dit *que l'ensemencement naturel est ordinairement si incomplet que, sans le secours du semis artificiel, on ne peut obtenir un beau repeuplement.*

Il ajoute plus loin : Je n'ai pas encore vu de jeunes forêts d'épicéas bien fournies de plants également distribués sur la surface du sol, qui provinssent de l'ensemencement par bandes et à blanc étoc ; au contraire, j'ai toujours remarqué que ces forêts étaient très-imparfaitement repeuplées.

De l'aveu donc des forestiers, les semis naturels réussissent difficilement ; mais il y a plus encore, ils font perdre, pour la production du bois, un temps considérable, au moins huit ans, pendant lesquels le sol forestier ne produit rien. Pour le démontrer, il nous suffira d'examiner la croissance des jeunes plants de sapins, qui est très-lente, jusqu'à six ou sept ans.

Ils lèvent, surmontés de cinq à six feuilles assez larges et disposées en forme d'étoile, et restent dans cet état la première année.

La seconde année, ils ne croissent en hauteur que d'environ un pouce, et le jet qu'ils produisent conserve encore les feuilles de l'année précédente et s'entoure de nouvelles feuilles plus petites et d'un vert clair, qui poussent depuis le mois de mai jusque vers la fin de juin.

La troisième année, l'accroissement en hauteur n'est pas encore très-considérable, mais la tige se fortifie, ainsi que les racines, qui, en même temps, s'enfoncent fortement dans la terre. On aperçoit alors vers l'extrémité de la tige une petite branche latérale.

La quatrième année, il paraît encore une petite branche latérale, semblable à celle de l'année précédente, qui s'accroît alors d'un autre rameau, la tige continue à se fortifier, et la racine principale grossit et forme le pivot, qui par la suite donne à l'arbre de la solidité et le met en état de résister aux efforts du vent.

Après la cinquième année, les jeunes plants commencent à croître en hauteur, les pousses deviennent plus fortes, et les branches latérales, qui croissent en forme de rayons ou de nerticilles autour de la tige, se multiplient et prennent plus de force.

Ils continuent à pousser de cette manière jusqu'à la septième année, époque à laquelle ils n'ont souvent qu'un pied de hauteur; à la huitième, l'accroissement devient plus sensible, sans être pourtant très-considérable.

La coupe française a mis huit ans pour avoir, non pas un emplantement convenable, mais quelques semis d'un pied. A dix ans, les coupes de Fribourg ont de belles, jeunes et luxuriantes forêts, donnant pour un million d'échalats.

Mais encore, rarement nos semis naturels d'épicéas et de sapins nous donnent quelques semis de ces espèces qui réussissent, la coupe est souvent transformée en bois blanc. Il est un rude ennemi dont se plaignent amèrement tous les forestiers, mais surtout MM. Lorentz et Parade, ce sont les herbes qui croissent dans les forêts après l'exploitation ; de l'obstacle qu'elles apportent à la réussite des semis, soit naturels, soit artificiels, de l'ombrage sous lequel elles étouffent les jeunes plantes.

A la page 228, il parle des précautions à prendre contre les mauvaises herbes. A la page 274, il dit que les plantes nuisibles qui se jettent dans la coupe rendent nécessaire un repeuplement artificiel.

A la page 278, il se plaint de ce qu'aux expositions fraîches, l'herbe et divers arbustes envahissent le terrain dès qu'il est mis à nu et étouffent les épicéas naissants.

A la page 332, l'exploitation à tire et aire, en

dénudant le sol, donne accès aux herbes et aux ronces, aux arbustes, aux morts-bois et aux bois blancs, toutes plantes qui s'opposent à la propagation et à la crue des essences d'élite *et absorbent les sucs nourriciers*, sans rendre à la terre l'engrais que la futaie fournit en abondance.

A la page 338, on dit *les parties entièrement ruinées* (notre système amène donc des ruines au moins dans quelques parties), les parties entièrement ruinées, où les plantes parasites ont envahi la totalité du terrain, ne peuvent évidemment être remises en état qu'à l'aide de repeuplements artificiels.

Je pourrais borner ici mes citations et me contenter de dire, de deux choses l'une : vous avez bien diagnostiqué le mal, appliquez le remède, il n'est ni certain ni insuffisant : livrez au pâturage. Nos propriétaires des hautes montagnes du Doubs et du Jura, depuis des siècles, l'ont constamment mis en usage avec un plein succès.

Si ce moyen ne vous convient pas, il ne vous reste que d'imiter le forestier suisse ; lui n'est pas sans cesse préoccupé des mauvaises herbes et des ronces qui vous donnent des angoisses et vous affligent d'un cauchemar incessant, quelque soit votre mode d'exploitation ; au moyen de l'écobuage, il les convertit en sucs nourriciers qui vont augmenter la vigueur et l'accroissement de ces jeunes replants. Vous, vous laissez votre sol perdre huit ans à chercher des semis. Nous vous entendons, vous allez crier à l'*utopie* ; mais pas si vite, — notre opinion compte dans vos rangs des hommes considérables. Je lis, avec plaisir, ce qui suit, à la page 509 de l'ouvrage de M. Laurentz :

« Le semis est considéré, par beaucoup de fo-
« restiers, comme principalement applicable en
« grand, à cause des procédés par lesquels il s'exé-
« cutent et qui semble à la fois plus naturels, plus
« simples et moins coûteux que ceux de la planta-

« tion. Cependant la pratique tend chaque jour, de
« plus en plus, à établir la supériorité de celle-ci.
« Non-seulement on est parvenu à atténuer singu-
« lièrement la dépense qu'elle occasionne en plan-
« tant des sujets très-jeunes, que l'on élève en pé-
« pinière, à très-peu de frais ; mais il est incontes-
« table qu'une plantation *bien faite* présente, la
« plupart du temps, des chances de réussite plus
« assurées que le semis préparé avec le plus de
« soins, parce que celui-ci a, de plus que l'autre,
« à lutter contre les dangers nombreux qui mena-
« cent la graine d'abord et ensuite le plant nais-
« sant. Ainsi, il vaudra toujours mieux planter que
« semer dans les localités exposées aux dégâts,
« soit du bétail, soit du gibier ; dans les terrains
« où la crue des herbes, ou d'autres plantes nui-
« sibles, est trop abondante ; dans ceux où les
« jeunes plants sont exposés à être dérangés par la
« gelée, sur les grandes sommités. »

Il ne s'agit plus de toujours mettre en pratique
ce vieil axiome : *video meliora, proboque, deterrio-
ra sequor.* Il faut marcher avec le siècle.

Nous avons vu quelques personnes manquer entièrement leurs plantations de sapins parce qu'elles
ne choisissaient pas le moment convenable ; mais
nous savons que le forestier suisse se conforme
exactement aux sages préceptes de M. Du Breuil.
Pour ces arbres, à feuilles persistantes, il convient
de choisir une autre époque que pour les autres
arbres.

En effet, ces arbres, qui conservent leurs
feuilles pendant l'hiver, sont doués d'une végétation continue, beaucoup moins sensible, il est vrai,
pendant cette saison, et destinée alors à porter
dans les feuilles les fluides dont elles ont besoin
pour ne pas être desséchées par l'évaporation. Si
donc on vient à transporter ces espèces à la fin de
l'automne ou de l'hiver, au moment où la circulation des fluides est la moins active, il en résultera
une suspension complète dans cette circulation,

puis la dessication des feuilles, et par suite la mort de l'arbre. Il faut donc choisir une époque telle, que la végétation soit assez active pour qu'elle résiste en partie à cette transplantation, ou du moins que sa suspension ne soit que très-limitée. L'expérience a démontré que les deux époques les plus convenables pour cela, sont les premiers jours de septembre, alors que la végétation est encore assez active, et les premiers jours de mai, au moment où commence le premier développement. Dans le premier cas, les arbres auront le temps de reprendre avant l'hiver ; dans le second, la végétation est si active à ce moment, que son interruption ne sera pas assez longue pour que les arbres en souffrent.

Nous avons déjà dit que toute plante, pour croître, exige un certain espace, et qu'à mesure de l'accroissement de la plante, l'espace qu'elle occupe devient nécessairement plus grand ; de là dans une forêt, la nécessité matérielle d'une diminution dans le nombre des arbres ; il s'établit une lutte, et plus la forêt avance en âge, plus la lutte devient opiniâtre, parce que les tiges dominées, quoique privées de l'action de la lumière, sont d'autant plus longtemps à succomber qu'elles sont plus fortes, ce qui dès-lors produit un ralentissement marqué dans l'accroissement de tous les bois.

Le système suisse de faire des coupes d'éclaircies à dix ans et à vingt-cinq ans empêche ce ralentissement dans la végétation de se produire. Il n'est pas possible par la méthode suivie en France ; on perd huit ans pour laisser établir les semis ; combien perd-on par la lutte établie entre les arbres de la forêt abandonnée à elle-même. Nous croyons ne pas exagérer en disant le double ; voilà donc vingt-quatre ans au minimum perdus pour l'accroissement du sapin dans nos forêts.

Qu'on ne soit donc pas surpris si la Prusse, si l'Allemagne, si la Suisse ont de si brillantes forêts de sapins, que chacun admire, tandis que la plupart des nôtres dépérissent.

Nous croyons donc avoir surabondamment démontré, ainsi que nous l'avions annoncé au commencement de ce mémoire, que les systèmes admis par l'administration des forêts pour leur exploitation conduisent :

1º A la ruine de nos forêts de sapins et à leur déboisement complet ;

2º A la ruine des communes, qu'ils empêchent de bâtir des écoles, des maisons communes, d'établir des voies de communications, etc.;

3º A la ruine de l'industrie fromagère, la plus importante, disons presque l'unique de nos hautes montagnes.

Quelques personnes croyaient que les derniers débris de la féodalité avaient disparu ; qu'on se détrompe ; les pauvres communes sont encore *taillables et corvéables* pour l'administration des forêts.

Lors de la discussion du projet du code forestier, le gouvernement proposait l'établissement de la perception du 20ᵉ pour l'indemniser des frais d'administration des bois des communes ; cette proposition fut rejetée comme trop onéreuse pour les communes, et d'après l'article 106, chacun fut appelé à payer dans une proportion en rapport avec la dépense réelle de chacun.

Mais la loi des finances du 25 juin 1841, a rétabli le 20ᵉ. Cette mesure a de nouveau soulevé de toutes parts des réclamations qui ont rendu nécessaires les modifications apportées par la loi des finances du 14 juillet 1857, qui fixe à un franc l'impôt par hectare de bois possédés par les communes.

Cet impôt, d'un côté, est trop onéreux, de l'autre, il n'est pas juste.

Quoi, un hectare de bois de nulle valeur paye autant que le bois le plus beau et le plus riche ? Que dirait-on si dans le cadastre on faisait payer autant un hectare de friche qu'un hectare de pré de la 1re qualité.

Cet impôt est trop onéreux pour les communes, car il permet à l'Etat de réaliser des *bonis* tels qu'il peut pourvoir, sans charge réelle pour le Trésor, à l'entretien de tous les agents forestiers. En effet, dans l'arrondissement de Poligny, les communes et les établissements publics possèdent 21,030 hectares de bois, ce qui donne un impôt de 21,030 fr. Le traitement des employées forestiers, dans cet arrondissement, s'élève à 17,350 francs, ce qui fait que non-seulement l'Etat ne paye rien pour ses bois, mais qu'il réalise encore sur les pauvres communes un bénéfice de 3,680 fr. La féodalité ne faisait pas mieux envers ses serfs taillables et corvéables.

Ce n'est donc pas trop tôt que le Conseil général, dans sa séance du 30 août 1869, a élevé la voix pour demander des modifications au système qui étreint d'une main de fer et la forêt et la commune propriétaire. En effet, les communes n'ont aucune part à l'administration de leurs bois, laquelle est exclusivement confiée à la direction générale des forêts. Ces dispositions, tendant à l'asservissement absolu des communes, sont des siècles passés, que le pouvoir despotique de 1669 avait trouvées de son goût ; elles ne sont plus dans les mœurs d'un peuple libre qui, par le suffrage universel, nomme ses mandataires et qui ne veut pas qu'on les lui impose : la loi forestière en imposant ses agents aux communes avec un pouvoir presque absolu, est une anomalie de notre époque.

Nous dirons donc à M. le Préfet du Jura, à MM. nos conseillers généraux : courage, vous avez bien commencé, vous êtes les vrais représentants de nos intérêts, vous l'avez montré, et nous vous en sommes reconnaissants. Continuez, il faut que le *Code forestier soit réformé*, il faut que *l'Administration forestière soit réformée*, et soyez convaincus que le jour où vous enterrerez *la vieille routine et le vieux despotisme forestier*, chaque paysan de nos montagnes descendra du haut de son rocher, la torche de résine de sapin d'une main pour bien éclairer ces funérailles, et la couronne d'immortelles de l'autre pour la poser sur vos têtes.

MUNIER.

FIN.

Imp. Gauthier frères, à Lons-le-S.

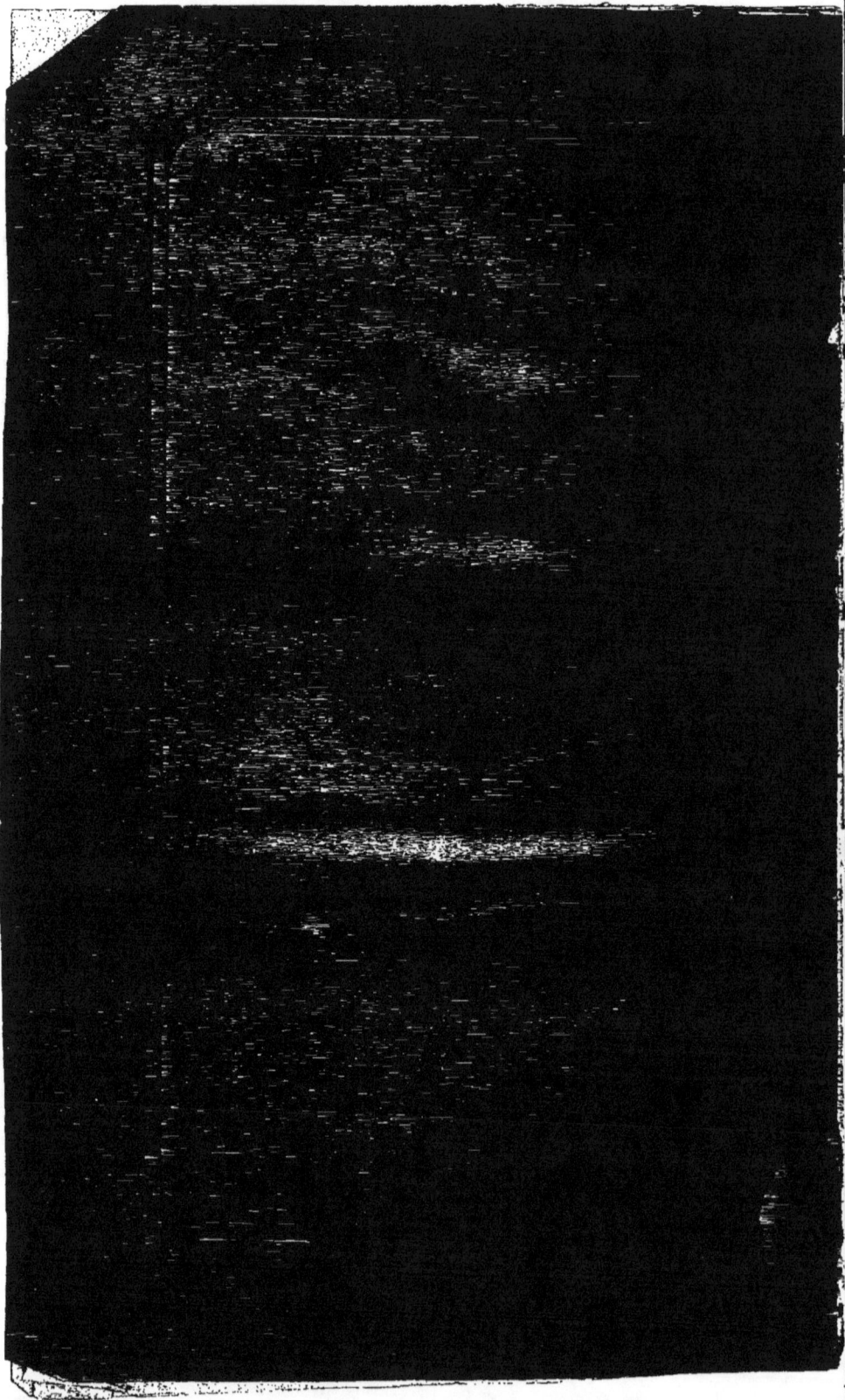